青少年心理品质丛书
主编：夏阳

"钻石"就在自身上

张俊红◎编著

新疆美术摄影出版社
新疆电子音像出版社

图书在版编目(CIP)数据

"钻石"就在自身上 / 张俊红编著. -- 乌鲁木齐 :新疆美术摄影出版社 :新疆电子音像出版社, 2013.4
ISBN 978-7-5469-3898-1

Ⅰ.①钻… Ⅱ.①张… Ⅲ.①成功心理 – 青年读物②成功心理 – 少年读物 Ⅳ.①B848.4–49

中国版本图书馆 CIP 数据核字(2013)第 071556 号

"钻石"就在自身上　　主　编　夏　阳

编　　著　张俊红
责任编辑　吴晓霞
责任校对　李　瑞
制　　作　乌鲁木齐标杆集印务有限公司
出版发行　新疆美术摄影出版社
　　　　　新疆电子音像出版社
地　　址　乌鲁木齐市经济技术开发区科技园路 7 号
邮　　编　830011
印　　刷　北京新华印刷有限公司
开　　本　787 mm × 1 092 mm　　1/16
印　　张　14.5
字　　数　209 千字
版　　次　2013 年 7 月第 1 版
印　　次　2013 年 7 月第 1 次印刷
书　　号　ISBN 978-7-5469-3898-1
定　　价　47.00 元

本社出版物均在淘宝网店:新疆旅游书店(http://xjdzyx.taobao.com)有售,欢迎广大读者通过网上书店购买。

『钻石』就在自身上

目
录

「钻石」就在自身上

第一章　自知——"钻石"就在自身上

　　知彼难，知己更难，这两个问题中，后者又显得更加突出。因此适时调整对目标的定位，是每一个有志之士应注意的问题。

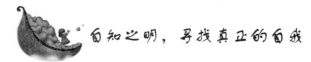

自知之明，寻找真正的自我

知彼难，知己更难，这两个问题中，后者又显得更加突出。因此适时调整对目标的定位，是每一个有志之士应注意的问题。

胡适家道中落，16岁考取中国公学，20岁考取清华庚子赔款美国官费生。为了节省学费，接济家里，胡适迈进康奈尔大学，选学农科。康奈尔大学农学院设有洗马、套车、驾车、下田农耕等实习课程。本来胡适生于乡野，不畏农事，对洗马、套车等都有兴趣，也可以应付自如，可是到了实习苹果分类的时候，胡适却洋相百出。校方要求学生在规定的时间内完成对30种苹果的分类，许多学生只用了二三十分钟就分得一清二楚，可胡适将苹果翻来覆去地观察，花工两个半小时也只能勉强分辨出二十来个品种。胡适经过冷静的反思，及时放弃学农，转学自己感兴趣的历史、文学，终至功成名就。如果当初不及时发现自己的所短所长，胡适又怎会以文学、哲学闻名于世呢？

爱因斯坦也很有考察自我的能力。他在回顾自己学生时代为什么不专门研究数学时说，他感到自己在数学领域能力不够强，不能选择一个领域深入下去。

爱因斯坦还有更令人敬佩的地方。20世纪50年代，爱因斯坦曾收到以色列当局的一封信，恳请他担任以色列总统。爱因斯坦是犹太人，若能当上以色列总统，在一般人看来，自是荣幸之至。然而出乎人们预料的是，爱因斯坦却明确表示拒绝。他说："我整个一生都在同客观物质打交道，既缺乏天才的智慧，也缺乏经验来处理行政事务以及公正地对待别人，所以本人不适合如此高官重任。"

伟大的文学家歌德，寻找真正的自我的过程更让人唏嘘不已。歌德年轻时立下的志向，是要成为一个世界闻名的画家，为此他一直沉溺于那变幻无穷的色彩世界中不能自拔。他付出了10年的艰辛努力提高自己的画技，但是收效甚微。在40岁那年。他游历了意大利，目睹了那些绘画大师的杰出作品之后，终于大彻大悟：即使自己穷尽毕生精力，恐怕也难以在绘画领域有突破性的建树。在痛苦和彷徨中度过了一段时间后，他毅然作出了新的决定：放弃绘画，主攻文学。

晚年的歌德在回顾自己的成长过程时，忠告那些既朝气蓬勃又容易头脑发热的青年朋友，万万不可过分相信自己一时的兴趣。歌德深有感触地说："要认识自己是多么不容易呀，我差不多花了半生的光阴。"

"骏马能历险，犁田不如牛；坚车能载重，渡河不如舟；舍长以求短，足智难为谋；生才贵适用，慎勿多苛求。"古人这首诗确是至理名言，它形象生动地说明了正确认识自己的重要性。

人在选择奋斗目标的时候，常常全遇到两个问题：一个是对外部世界三百六十行中的酸甜苦辣、利弊得失以及所要求的素质条件知之不够；另一个是对自身的性格、特长、知识积累等条件适合干什么，恐怕又缺少自知之明。

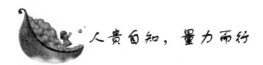

人贵自知，量力而行

如果一个人能充分了解自己，知道自己的长处与缺点，做事知道发挥自己的长处，量力而行，知道名气远没实力重要，那么他极有可能成功。否则，只能一事无成。

2003 年，在社会上爆出了一个大新闻：一北大毕业生卖猪肉为生！这个消息一下子掀起了轩然大波，引起了人们有关人才浪费等等的热烈讨论。而这个故事的主角就是陆步轩。

十几年前，陆步轩从北京大学本科毕业之后，曾经尝试过多种职业，可是最终阴差阳错，竟然只能操着割肉刀在西安一个小铺子卖肉。这样的生活一直持续到 2003 年 7 月。这一年，一个记者发现了这件事情，并通过媒体让这个消息传遍了全国。陆步轩曾是高考文科状元，是北大的高才生，怎么能够卖猪肉呢？这一下子成为全

国轰动性新闻。

随着新闻的传播，陆步轩一下子也成了全国闻名的人物。各种访谈、邀请接踵而至，100多家企业纷纷发出邀请函，甚至还有大学邀请他去任教。

陆步轩认真考虑了一番，发现100多家单位中有许多是外地的，其中不少是规模很小的民营企业。其实，许多单位并没有真正要他的意思，只是想借机炒作一番，捧红自己而已。真正想要他的不过区区三五家。而西安一所大学的人事处长曾专门前来邀请他到这所大学任教，后来才知道这不过是处长自己的初步想法，还没有向学校汇报呢！

怎么办？新闻轰动效应很快就要结束，到时候自己将会和很多新闻人物一样，成为明日黄花，可能再也不会引起人们的注意。如果不抓住这个千载难逢的机会，或许自己一辈子都只能是一个卖肉的小贩了。

在这个时候，聪明的他巧妙地利用媒体这个"媒婆"，谋得了在西安市长安区档案局的工作。就这样，他上班后有了更多的时间来看书，和自己心爱的文字打交道。工作之余，依然在经营自己那两家红红火火的"眼镜肉店"。并且他还出了自己的新书：《屠夫看世界》，因为"自然天成，不造作"，自出版以后，多次再版。他终于过上了自己想要的生活。

人应该相信自己是最好的，但自信的同时也应该要有自知之明，要客观、准确、冷静地分析自己的长处与短处，不要被头上的光环弄花了眼睛。

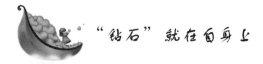

"钻石"就在自身上

100多年前，美国费城6个高中生向一位博学的牧师请求："先生，您肯教我们读书吗？我们想上大学，可我们没钱。"

这位牧师名叫康惠尔，他答应教这6个贫家子弟。同时他又暗自思忖："一定还有许多年轻人想上大学但付不起学费。我应该为这样的年轻人办一所大学。"

于是，他开始为筹建大学而演讲募捐，建一所大学要花150万美元。康惠尔四处奔走。出乎他意料的是，5年辛苦筹募到的钱不足1000美元。康惠尔深感悲伤，当他走向教堂准备做礼拜的演说时，发现教堂周围的草枯黄得东倒西歪，他便问园丁："为什么这里的草长得不如别的教堂周围的草呢？"

园丁回答说："噢，我猜想你眼中这地方的草长得不好，主要是因为你把这些草和别的草相比较的缘故。看来，我们是常常看到别人美丽的草地，却很少去整治自家的草地。"园丁的话使康惠尔恍然大悟。他跑进教堂开始撰写演讲稿。他在演讲稿中指出：我们大家往往是让时间在等待中白白流逝，却没有努力工作使事情朝着我们希望的方向发展。

他在演讲中讲了一个农夫的故事：有个农夫拥有一块土地，生活过得很不错。但是，当他听说要是找到埋有钻石的土地就可以富有得难以想象。于是就把自己的地卖了，离家出走，四处寻找可以发现钻石的地方。农夫走向遥远的异国他乡，然而却从未发现钻石。最后，他囊空如洗，自杀身亡。真是无巧不成书。那个买下这个农夫土地的人，在散步中无意发现了钻石，最后掘得了这个最大的钻石宝藏。这个故事是发人深省的，康惠尔写道：财富不是仅凭走四方去发现的，它属于自己去挖掘的人，属于相信自己能力的人。

康惠尔作了7年这个"钻石宝藏"的演讲。7年后，他赚得800万美元，这笔钱大大超出了他想建一所学校的需要。

今天，这所学校屹立在宾夕法尼亚州的费城，这便是著名学府——坦普尔大学。这个故事告诉我们：生活的最大秘密——在你身上拥有钻石宝藏。你必须做到只要更好地开发你的"钻石"，为实现自己的理想付出辛劳。

人生的路靠自己走

人生的路靠自己走。首先，你要自主地选择并坚持自己的生命航向。人生的路不只一条，该走哪条路呢？这就要看你的兴趣所在和选取的目标了。

在现实生活中，一个人必须坚持自己精神的独立和顽强的追求，突破环境的局限，把握自己的生命航向，开辟自己的人生道路。如果不是坚持走自己的路，一个人即使在顺境中也会平庸无能，一事无成。所以，一个人的位置和处境并不是最重要的，而往哪里走，走什么路才是最重要的。

一个人在某种境遇中、在某种职业上、在某个单位里，或在某个狭小的圈子里，可能是个失败者，但他一旦跳出这个小圈子，就可能是个成功者。这就是人们常说的机遇的作用。机遇总是存在于我们的生活空间。所谓突破环境与条件的局限，就是努力扩大自己的生活空间，开拓知识领域，勇于尝试新事物、探索新课题，顽强追求自己所认定的目标。不论处境好坏，都要自主地选择自己的生命航向，开辟自己的人生之路。

纵观成功者的踪迹，一切有所创造、有所贡献的人，都是沿着自己开辟的路走向成功的，而不是由于他们的环境和条件比一般人优越、特殊。

伽利略是被送去学医的。但当他被迫学习生理学和解剖学的时候，他还藏着欧几里的《几何原本》和阿基米德的《数学》，偷偷地研究复杂的数学课题。当他从比萨教堂的钟摆上发现钟摆原理的时候，他才 18 岁。

蒸汽机车的发明者史蒂文森有八个兄弟姐妹，小时候家里很穷，全家都挤在一个房间里住。史蒂文森只好去给邻居放牛。但一有时间，他就用黏土和空心树枝作管子，制造蒸汽机模型。他没有机会读书，就做机器的学生。当同龄人在假期游玩、逛酒吧间的时候，他却在拆洗机器，搞研究和实验。当他作为一个伟大的发明家闻名于世的时候，那些游手好闲的人又都羡慕他了。

美国著名的废奴主义者布朗，小时候为了到书店买一本书，连夜赶了30公里的路。书店老板盯着这个头发蓬乱、衣衫不整的牧童，很奇怪他干吗要买书，并和众人一起嘲笑他。这时进来了一位大学教授，他知道布朗的要求后说："这样吧，如果你能念出这本书的一行诗句，并把它翻译出来，我就把这本书送给你。"人们惊讶地看到，这孩子从容自若地接连念完并译出好几行诗句。于是，他自豪地得到了教授的奖品。原来他是在放牧的时候学了希腊文和拉丁文的，这为他以后的发展打下了基础。

显然，一个人要实现自己的价值，不怕穷，不怕环境不佳、条件差，也不怕别人嘲笑看不起，就怕没有志向和自信心，就怕没有"走自己的路，让别人去说吧"的魄力。

人生的路靠自己走，但一个人走自己的路要靠刻苦和毅力这两条腿。勤奋就是天才，有志者事竟成，但在现实生活中，许多人却轻易不肯这样做。原因是害怕失败，或是难以确定努力的目标。这两条原因实际上是一个心理上的误区，就是认为自己的努力会白费。于是，这些人白白浪费了许多时间而一事无成。

每次乘公共汽车，碰到该让位的时候，我总是装睡，并非我怕站，而是害怕别人那种异样的目光，那种目光好像在说"装蒜"。结果当然是让很需要得到位子的人吃力地站到下车。

有一次，在购物回家的路上，碰到一位正吃力地拖着满载煤块的车子爬坡的老人。这时伸手帮一把是很自然的事，但脑里却闪过了那个可恶的念头——装蒜。于是，那只多余的手便悄悄地藏进了裤袋里，却怎么也不想超过那位老人。老人穿着脏兮兮、陈旧的衣服，车子向下滑的拉力使助拉带深深地抠进他的肩膀，脚似千斤重、一步一叩首，看着这样的情景，我实在是"忍无可忍"，冲上前，拽出手，跟在车后推了起来，虽然，当时也想过了那个"装蒜"，且大街上肯定很多人正瞧着这一老一少低头推车的情景，然而，不管怎么想，我的手都没脱离车子。

忽然，车子刹住了，我方才抬起头，触到一双感激的目光，老人没能说一句话，但从他的目光中我体会了一切，我冲他微笑，擦擦脸上的汗水，转回身，迎着风走自己的路……

如果你确认自己的路是正确的，那就该走自己的路。走自己的人生，才会精彩，才会永远快乐，永远是那么美丽，平和……

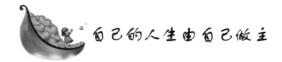

自己的人生由自己做主

一个人习惯于接受别人的摆布，就会经常被迫去说话，去做事。这样即使你具有做一只鹰的潜质，你也永远张不开翅膀去蓝天白云中翱翔。要知道：自己的人生由自己做主，你想成为什么样的人，经过不懈努力，愿望总会变成现实的。

有一则寓言：一天，一个淘气的男孩爬到养鸡场附近的一座山上去，发现了一个鹰巢。他从巢里拿了一只鹰蛋，带回养鸡场，把鹰蛋和鸡蛋混在一起，让一只母鸡来孵。孵出来的小鸡群里有了一只小鹰。小鹰和小鸡一起长大，因而不知道自己除了是小鸡外还会是什么。起初它很满足，过着和鸡一样的生活。

但是，当它逐渐长大的时候，它内心里就有一种奇特不安的感觉。它不时想："我一定不只是一只鸡！"只是它一直没有采取什么行动，直到有一天，一只了不起的老鹰翱翔在养鸡场的上空，小鹰感觉到自己的双翼有一股奇特的力量，感觉胸腔里心正猛烈地跳着。

它抬头看着老鹰的时候，一种想法出现在心中："我和老鹰一样。养鸡场不是我待的地方。我要飞上蓝天，栖息在山岩之上。"

它从来没有飞过，但是它的内心里有着力量和天性。它展开了双翅，飞升到一座矮山的顶上。极度兴奋之下，它再飞到更高的山顶上，最后冲上了蓝天，到了高山的顶峰。它发现了伟大的自己。

其实很多人的潜意识里都有做一只鹰的渴望，只是长期活在鸡群中而消磨了这种意志，所以千万不要养成听从别人决定的习惯，因为你的人生应该由自己来主宰！

世俗和传统使人养成一种说话办事总是需要得到别人认可和赞

许的习惯。童年时代习惯于得到父母和老师的赞许，长大成人需要得到领导者的认可。如果自己的某个举动和主张得不到别的认可和赞许，就会怀疑是否出了问题，放心不下。于是你在无形之中就放弃了主宰自己、独立行事的权力，凡事都受别人的控制和摆布。这种习惯大体表现在以下方面：

你对别人的需求大都随声附和，有时心里不满，也要依从别人的意志去办。

你有自己的事情和计划，但难以拒绝朋友的邀请和要求，以免别人对你不满意。

你总是回避同陌生人交谈，不想独自参加社交活动，也不愿独自出差办事。

你总是看领导的脸色行事，明知不对，也要忍气吞声地服从。好像领导的时钟总是准的，而你的时钟总是不准，只能和领导对表，不相信自己的手表。如果因此而窝火憋气，也只能拿比你地位低的人出气。

不好意思和权威人士、著名人物交往，如果这类人物对你的责怪批评不公正，你也不敢说出自己的看法。

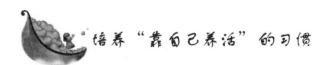

培养"靠自己养活"的习惯

一个人活在世上，不应该依靠别人苟活，自己也有双肩，为什么不主动挑起自己的担子而要依赖别人生存？任何人都没有权利向别人"乞讨"，也没有任何人有义务去"施舍"你。

路边有个人跪着向行人乞讨。这是寒冬里最冷的一天，街上没几个行人，乞讨者跪在路边瑟瑟发抖。可是时间已经过去了大半天，他仍然一分钱也没要到。他一边搓手，一边眺望，期盼在这样寒冷的天气里，出现富有同情心的施舍者。

这时，一个衣着考究的中年男士从远处向这边走来。乞讨者眼睛一亮，等到那个人走近身边时，他赶忙频频磕头，声音发颤地连

连乞求："好心人，可怜可怜我吧！给点钱吧！"

那位男士停住脚步对乞丐说："起来！我不会把钱送给跪着要钱的人。"

乞讨者摇晃着站起身来，伸出右手，眼巴巴地看着面前的男士。男士并没有给他钱的意思。乞讨者以为是要他，于是面有愠色。

"知道我为什么不给你钱吗？"男士又说道。

乞讨者摇了摇头。

男士说："道理很简单，第一，我不欠你的钱，没有义务给你钱；第二，你会站会走，完全可以自食其力，没有理由跟别人伸手要钱；第三，就算要钱，也应该保持人格，不能靠贬低个人人格博取别人同情。你在不把自己当人看的同时，也看低了他人的人格……"

"不给就不给吧，说这么多干吗？"乞讨者很不耐烦。

"拿着！"那位男士拿出一沓钱递给乞讨者说："这不是送给你的钱。这是我借给你的，等你以后挣了钱，必须还我。"男士又递给乞讨者一张名片，随即离开了。

乞讨者吃惊之余，大受感动，脸上淌下两行热泪。

不知不觉两年过去了，在这条街上，那个乞讨者再没有现身过，而那位男士也没再出现过。

时间又过去了很多年。

一天，一位衣着考究的男士手里拿着一张名片敲开了一户人家的大门。这位男士就是当年那个跪着要钱的乞讨者。开门出来的年轻人在听过男士的一番叙述后，默默地表示，那位以前借钱给乞讨者的男士已经在半年前去世了，他是年轻人的父亲。但他生前却从未提起过借钱这回事。

在日常生活中，"救急不救穷"的道理我们都明白，施舍给乞讨者一些小钱，远不如唤起他重新生活的斗志更显爱心。而作为生活暂时遭遇困难的人来说，与其靠着别人的同情心度日如年，不如唤醒自己的生存本能来得要紧。

要想撑起自己的一片天，就一定要培养"靠自己养活"的习惯。

真正的救世主是你自己

"老天爷，帮帮我吧！求求你，可怜可怜我吧……"这是大多数人在遭遇逆境时习惯说的一句话。其实，与其求人，不如求己，因为自救更有效果，只有自救才能从根本上解决问题，而他救只能救你一时，不能救你一世。

某一年，天下大旱，动物们由于没有储备足够的粮食，饿死者不计其数。于是，动物们纷纷向玉帝祷告，恳请他赐一些食物下来，拯救饥荒中的动物。

玉帝见状，便命令太白金星下凡，为动物们送去一些土豆充饥。

野猪收到自己的那一份土豆后，来不及擦干净上面的泥土，便囫囵吞枣似的塞进了肚子里。

小白兔忙着把土豆切成小片。不停地啃着。

除小松鼠外，大家都开始享受起自己应得的那一份土豆来。

小松鼠在干裂的土地上，刨出一个个小土坑，把自己的那一份土豆一个个埋了进去，又去很远的地方舀来水，浇灌着刚埋进地里的土豆。

"傻小子，难道你不饿吗？"打着饱嗝的野猪见小松鼠把土豆种进了地里，不解地问。

"当然，我也很饿啊！"小松鼠捂着正在"咕咕"叫的肚皮，艰难地说。

"那你肯定是不喜欢吃土豆了？"

"不。我非常喜欢！"

"既然如此，你为什么不吃掉土豆，反而种下了它们呢？"

"吃完了这几个土豆，只能撑过一时，以后的日子怎么办？我种下它，到时候就能收获很多！"小松鼠充满希望地说。

从那以后，小松鼠只靠啃一点青草来充饥，它每天都要到很远的地方去挑水浇土豆，但它干得很开心，因为它知道旱灾不知道到什么时候才能结束，能帮助它们度过危机的只有自己，玉帝的恩赐只能解决暂时的困难。看着一天天长高的土豆苗，小松鼠相信自己能解决眼前的困难。

过了一段时间，吃光了土豆的动物们又因饥饿难忍，便聚集在一起，再一次乞求玉帝赏赐一些食物。

这时，玉帝现身了，他怒气冲冲地说："我只能救你们一时，不可能救你们一世，你们自己想办法解决吧。我现在命令东海龙王下一场雨，上次你们如果种下了土豆，这次就能大有收获了。"

结果，一场雨后，只有小松鼠收获了土豆，而其他动物则只能靠草根充饥了。

从此以后，小松鼠过上了自给自足的好日子。

小松鼠的精神也同样值得我们人类学习。在灾难来临时，小松鼠不是"等"、"靠"、"要"，而是积极行动，依靠自己的力量和智慧来展开自救，并最终摆脱了困境，过上了幸福的生活。

在遭遇困难时，不要过分依赖别人，而要自己想办法解决。

要知道，别人只能帮你一时，而真正的救世主是你自己。漫长的人生之路，要靠自己去走，靠自己去创造，靠自己去奋斗。就像有人曾留下的那首诗中所写的一样："滴自己的汗，吃自己的饭，自己的事自己干；靠天，靠地，靠祖宗，不算是好汉！"

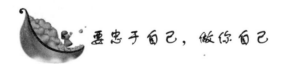

要忠于自己，做你自己

生命的可贵之处就在于做你自己，为自己而做，为自己的梦想而活，为自己的快乐而活，好好为自己。

在人生的前进过程中，你往往会面临各种各样的选择。可以说，不同的选择就会产生不同的命运。当你在进行这些选择的时候，千万要慎重，因为这关系到你将来的命运。然而，许多你面临选择的时候，却与父母所期望的相冲突，不能做自己真正想做的事，因此疑惑不知该如何是好。

　　哲学家纪伯伦给了最好的忠告。他说："父母就像一张弓，而子女却是箭。带我来到人世的是父母，但最终要对我们负责的还是自己。"如果你的父母要你当老师或医师，而你想当画家或作家，选择自己要走的路是自私的吗？不是自私，因为生命是属于你自己的，你可以选择想要的一切。

　　有一个叫小云的女孩，她在填写高考志愿的时候，和父母有很大的分歧。小云从小喜爱文学，而且在这方面小有才气，已经陆续发表了不少文章。这样她就想填师大的中文系。可是父亲不同意，他认为：文学作为业余爱好还可以，如果以此为职业，风险性大，既清贫又没地位；现在，最好的学生都在学金融：小云有竞争的实力，为什么不填报财经大学的国际金融系，以后收入高，且接触的不是银行家就是企业老板。母亲是支持父亲的："小云啊，你还小，满脑子幼稚的想法。你父亲见多识广，听他的没错。"小云拗不过父母，只好勉强同意了。

　　后来，小云考上了金融系。可是她在学校学习得并不顺利，她不喜欢数学和报表。上课时老师讲的知识她怎么也记不住，而且金融系功课很重，大家都忙着学习，小云显得很不合群。第一学期她就亮了两门红灯。寒假回家后。小云埋怨父母当初不尊重她的意见，现在她不想在金融系学习了。

　　任何人都只能给你人生建议，不能为你的人生负责，毕竟他们无法代替你生活，不是吗？美国思想家爱默生说："做你自己，此即你存在的意义。"

　　每个人都要静下心来，听一听内心的声音，这些声音本来可以指导我们的生活，可人们总是不相信自己的意愿，要学会尊重自己的意愿。你是不是常因为自己年轻或者经验不够，而对自己说："别听它，不可能的。"然而你为什么不倾听这种声音？不管它有多微弱，也要坚持自己的观点。一旦你在所选择的领域有所成就，家人往往会引以为傲。他们会说："哦，我孩子是做什么的。"而忘了当初你表示要去做时，他们曾经大发雷霆的情景。

　　要忠于自己，不必老是顾虑别人的想法，或总是想要取悦他人。记住，生命的可贵之处就在于做你自己，为自己而做，为自己的梦

13

想而活，为自己的快乐而活，好好为自己。

不论做任何事，都要想到是"为自己而做"——顺着你心中所想的去做。试想，如果一辈子都不能为自己而做，岂不白活！对于别人而言，你的路他们没有走过，他们就是再高明，也不过是在替你摸索，别人不是先知先觉，而你得为他们的决定承担后果。面临决定时，别人的意见是要听的，但不应照单全收，也不该屈从，不要被别人左右，而需要经过自己慎重的理解，然后再由自己作出判断和选择，这才是对自己的命运负责。

即便你是听了他人的意见而走错了路，也不要将问题归罪于他人。因为只有你才能决定是否采纳他们的意见，所以该负责任的是你。归罪于他人，客观上又将解决问题和作出下一个决定的权利交给了别人，自己的问题最终得由自己解决，只有承担起时自己的全部责任，才能够把事情做得更好，才是对自己的最大关爱。

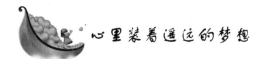

心里装着遥远的梦想

中国台湾著名作家林清玄出身于农民家庭，对于他的父亲来说，只要儿子能像他一样长得结结实实，靠自己勤劳的双手在田地里刨食养活自己，还能把这么多孩子养活大，这就是一个奇迹了。

有一天，林清玄和父亲在地里干活，忽然听到从头顶传来一阵"嗡嗡"的声音，他抬头一看，一架飞机正从头顶飞过。他出神地看着飞机渐去渐远，然后对父亲说："我长大了要到台北去，而且要坐着飞机去。"

父亲一巴掌拍在他的屁股上说："孩子。别做梦！老老实实地低头干活吧，坐飞机到台北这事，我保证你一辈子都不可能办到。"

后来林清玄长大了，喜欢上了读书，然后他又不停地写，终于著作等身。他不仅可以坐飞机去台北，还可以到世界上任何一个地方。

一个在地里干活的孩子，他的心里装着遥远的梦想，谁能预测

14

他的命运？谁敢说他不能实现梦想？

著名作家蒋子龙读中学的时候语文成绩极差，尤其是作文，在全班是最差的。一次作文课，老师要求同学们写自己的理想，蒋子龙写自己的理想是将来当一名作家。语文老师十分生气地说：全班所有同学除蒋子龙外都有可能成为作家，就是蒋子龙不可能，可十几年后的结果是：除了蒋子龙成了作家，别的同学都没有成为作家。

每个人都不要看低自己，即使你现在卑微、弱小，被所有的人看不起。沧海亦能变成桑田，这世界上没有什么东西不能被改变！

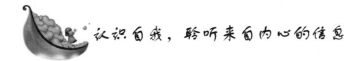

认识自我，聆听来自内心的信息

要认识自我离不开专心的聆听。这里所说的聆听并不单单是用耳朵搜集来自于其他人的信息，我们还可以通过写日记聆听来自内心的信息，这种认识自我的方式是主动的、自发的，是一种来自心灵深处的需要。

我们还必须勇敢地面对他人，培养聆听别人的耐心。听听别人的谈话，而不仅足聆听自己的谈话，对我们是一件不可忽视的事情。

聆听的艺术就是了解的艺术，它是一种进步的艺术。在运用这种听话的艺术时，我们必须把耳朵当做两只额外的眼睛。我们的眼睛时睁时闭，它们见到光就睁开，遇到刺激或可能的危险就关闭起来。我们要学习听取别人的意见，要知道别人也和我们一样——我们也有缺陷。

我们必须为自己而使用耳朵，去聆听我们的心跳，聆听在我们心中送走快乐和忧愁的钟表：聆听可作为我们朋友的自我心像。聆听自己的感觉可以随时让你知道你是否走错了方向，是否走向不快乐或者某种冲突，你内心的感觉就像是晴雨表，可以让你知道内心的情绪如何。

许多人会有这样的感受，"有时在内省、倾听自我的时候，总是没有任何动静，我真的不知道自己的感觉。"有的会说："那么混乱，我说不清楚，该怎么办？"怎么办？首先别担心。因为没有人确实知道每一件事。情绪的一项重要特征是流动与易变，再说，许多情绪混杂在一起，确实难以分辨开来。爱与喜欢有什么区别呢？为什么有时对某个人爱恨交织呢？为什么伤感之后心里总是空荡荡，提不起精神做任何事情呢？而这些问题的解决办法都包括着高度的情绪智慧。

要想明察内心的信息，写日记是个不错的选择，一日至少写一篇，坚持一个星期，在日记中记下什么事令你觉得快乐、兴奋，什么事令你生气、伤心、孤独，对自己的感觉做个简短的描述，把别人眼中的你做个简短描述，并考虑一下是否描述有不妥之处，然后进行修改。

每天对着镜子问自己："今天做了什么事令我自己满意？为什么会满意？什么事令我愤怒？"同时观察镜中的"我"的表情。

从日常的情绪体验来看，人时而会忧虑甚至是忧伤，时而会不安甚至是惊慌，时而会狼狈甚至是害怕，时而会焦虑甚至是惊骇，而这些经过分析都是恐惧——一种对意识到的危险的警觉，无论这种危险是确定的、直接的、清楚的，抑或是模糊的、间接的、没有特定起源的、轻微的或重大的。

人人都有烦乱、疲惫、无聊、抑郁、嫉妒的感觉，而这些都会使我们感到精力消耗或缺少力气。认清这些外部情绪所传达的真正的意义与讯息，更深一步地分析产生的原因，正是自我聆听取得的成就。

通过自我聆听，你就会对自我以及自我经历的一些事情做一个客观或者更有力的评价：心理暗示也可作为聆听内心感受的一个很好的办法，也就是一个人用语言或其他方式对自己的知觉、思维、想象、情感、意志等方面的心理状态产生某种刺激的过程。它是人的心理活动中的意识思想的发生部分与潜意识的行动部分之间的沟通媒介。它是一种启示、提醒和指令，它会通知你注意什么、追求什么、致力于什么和怎样行动，因而它能影响和支配你的行为，这是每个人都拥有的一个看不见的法宝。

『钻石』就在自身上

倾听心声，叩问内心真正的需求

在人的一生中，需要面临无数次的选择。在许许多多机会接踵而至时，有没有一个衡量的标准呢？

有，那就是叩问内心到底想得到什么，这是在种种重大选择面前的衡量标准。

李白豪爽大笑："仰天大笑出门去，我辈岂是蓬蒿人。"建功立业的豪情壮志溢满字里行间。凭借满腹才华，李白大名远播四方，坐上了翰林学士这一文人梦寐以求的位置。不过经历一段皇宫生活后，李白发现自己不过是名御用文人，无非点缀礼乐升平。李白陷入一个两难的抉择中，是继续享受荣华富贵，还是远走江湖以建功立业？李白毅然弃官而去，只留下一首"安能摧眉折腰事权贵，使我不得开心颜"的千古名句。

一些很小的细节就可以看出我们将来在大节上选择的倾向。远大的理想、伟大的事业，都可以从小处体现，在平凡处蕴含。所以即使对于琐碎的选择，也要慎重对待：考虑和最根本的目的是否相匹配。

古代有位禅师，在禅和子前来请教禅理时，他向一杯黑颜色的杯子中倒清水，直到水外溢了颜色仍是黑色的。这时来求教的禅和子弄明白了：如果想听进别人的话，先要清净自己的内心，使它变得虚怀若谷。

人生须妥善面对选择，特别是生命中那些难以承受之重。叩问内心真正的需求，找到它才算找到成功的方向。如果违背了它，那么就算外在的成功再大，你也难有内心的幸福感。

 自我激励是人生成败的关键因素

卡耐基曾在书中介绍过一个贫苦的荷兰移民宝克。宝克省吃俭用攒钱买了一部《美国名人传全书》，他读了名人的传记，并写信向能够找到的名人求教，诸如爱莫逊、勃罗克、夏姆士、浪番洛、林肯夫人、爱尔各德、秀门将军和戴维斯，他都与他们通过信，还和他们中间的好多人见过面。这种经验增强了他的自信心，激发了他的理想与志向，从而改变了他的人生。尽管他没有受过良好的教育，但他后来成为美国新闻界一位最著名的编辑。这种超出本来能力取得的成就来源于自我激励产生的神奇作用。

自我激励与良好的自我形象是相互关联的。自我形象越积极，自我激励的频率就越高、强度就越大。因此，有良好自我形象的人，"不待扬鞭自奋蹄"，他们会不断激励自己，战胜困难，直到最后胜利。

自我激励与良好的自我形象还会形成良性循环。强有力地自我激励，会促使人不断取得新的成绩，新的成绩会使自我形象更加良好，而自我形象又会进一步引发自我激励，去做出更大的成就。

美国哈佛大学的心理学家威廉·詹姆士通过研究发现。一个人若是没有受到激励，仅能发挥自身能力的 10% ~ 30%；若受到正确而充分的激励，就能发挥自身能力的 80% ~ 90%，甚至更高。可见，在能力不变的条件下，工作成绩的大小，取决于受到激励程度的高低。在社会生活中，我们经常见到，能力相同的人会干出不同的成绩，有不少能力差的人反比能力强的人干出的成绩大。有许多人对此感到不可理解。其实能否受到有效的激励，是其中一个非常重要的原因。在激励的阶段里你尽管可以放手探索、质询和提出各种问题，但最重要的是要保持肯定积极的态度。有些事情，尤其是那些突破性较大、带有冒险性或前无古人的事业，尽管人们也做过多方面的探索，从各个方面论证过它的可行性，但终究没有多大的把握。于这类事情，在某种意义上就意味着冒险和失败。"可是开创性事

"钻石"就在自身上

业、探险性工作，就需要哪怕只有1%的希望，也要用100%的努力去争取的精神。

在现实生活中，自我激励的方法很多，关键在于我们要根据自己的实际情况采用不同的自我激励方法。

读名人传记。你会从他们身上汲取力量，作为自己成功的动力。做自己怕做的事。目的是要从中获得一次成功的记录，从而增强你的信心。

积小胜为大胜。最初行动时，计划要充分留有余地。每个小胜，对你也许不是难事，但积少成多，便会引起质的飞跃。积小胜为大胜，是非常稳妥的成功策略，因为最高峰和大目标可能会把你压垮。

再给自己一次机会。这句话应当成为我们的口头禅。从周围的事物中重新汲取信心和希望的源泉，激起自己再度奋起的勇气。当我们屡遭挫折或失败时，不妨对自己说"再试一次"！

给失败找出恰当的原因。自我激励不是盲目的激励，它是建立在对自己和客观对象的正确了解和估量的基础之上的。我们也要避免总是为自己的失败找一些微不足道的客观原因，掩盖自身真正存在的问题，这样你将永远不会取得成功。如果确实属于自己的能力不能胜任某项工作而导致了失败，而自己在这方面的能力又难以培养起来，这时候不妨在这件事上认输，找最适合自己能力特点的事情来干，这样，你依然会有信心。

改变成功的观念。习惯上我们总是认为只有战胜了对手，才是成功。持有这种观念，等于把自己的价值交给对手去评判。我们应当建立这样的一种成功观念：只要你的自我价值在一定程度上得到实现，即使有人在水平上远远超过你，你也是个成功者。这样，每当你比过去有了提高，你就会得到莫大的鼓舞和激励。这样，你就可以在新的水平上充满信心地向更高的目标去努力。这样，面对比你强的对手，你不必贬低他。你应说："他确实很好，我要向他学习。也许我能比他做得更好。"这样，你的对手就是你的朋友，你们会取长补短，共同提高。

自我激励是影响人生成败的关键因素。我们要不断提高在任何情况下都能通过自我激励来保持自己的信心的能力。

第一章　自知——『钻石』就在自身上

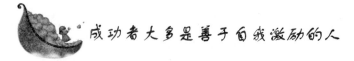

成功者大多是善于自我激励的人

在一个专门培训企业领导人的机构里，主办人开设了一门很特别的课，就是每天出操。上课时，学生们都要高呼"我能做到！""我真棒！"等口号，喊声响彻教室，响彻操场。也在学生们的心里久久地震荡。

这个培训机构的负责人认为："一个成功的人，一定要善于自我激励，因为这是一种强烈的成功意识，也是一种增强自信的方式。"

无独有偶，莎莉·立斐尔之所以能成为著名的播音员，也是她善于激励自己的结果。

在拉斐尔30年的职业生涯中，她曾被辞退过18次。可是每次事后她都激励自己："这点小挫折算什么？我要放眼更高处，确立更远大的目标！"

当时，美国有名的几家无线电台都认为女播音员不能吸引听众，因此没有一家肯聘用拉斐尔。但拉斐尔并未气馁。她开始苦练西班牙语，并自费到多米尼加共和国采访一次暴乱事件，然后把自己的报道出售给电台。

有一次，拉斐尔向一位国家广播公司的电台职员推销她的清谈节目构想。那位职员虽然表示认可，但事后不久就离开了国家广播公司。虽然如此，拉斐尔仍然没有放弃自己的构想，她找到了该公司的另一位职员，但事情仍然没有结果。最后，她说服第三位职员雇用她，此人虽然答应了，但提出要她在政治台主持节目。

"我对政治所知不多，恐怕很难成功。"她对丈夫说。

拉斐尔的丈夫鼓励她说："为什么不去尝试一下呢？你一定能行！"

1982年夏天，她的节目终于开播了。她对广播早已驾轻就熟了。于是她利用平易近人的作风，大谈7月4日美国国庆对她自己有什么意义，又请听众打电话来畅谈他们的感受。

听众立刻对这个节目产生极大的兴趣，于是，拉斐尔一夜成名。

如今，莎莉·拉斐尔已成为自办电视节目的主持人，曾经两度获奖，在美国、加拿大和英国，每天有 800 万观众收看她的节目。

"我被辞退了 18 次，本来大有可能被这些遭遇所吓退，做不成我想做的事，情，"她说，"结果相反，我让它们鞭策我勇往直前。"

激励是自我鞭策的一种方式。善于自我激励的人，能轻松走出困境，而那些不懂得自我激励的人，一遇挫折就灰心丧气，失去斗志。

纵观我们身边的那些成功者，他们大多是善于自我激励的人，这是一种健康的心理素质，也是每个渴望成功的人应该具备的心理素质。谁学会了自我激励，谁就能有勇气战胜成功路上的"拦路虎"。

 开掘自己所有的潜能，去获取成功

大多数人只发挥了他们创造才能的一小部分。这是因为很多时候他们没有将自己放在置之死地而后生的境地。

人身处绝境或遇险的时候，往往会发挥出不同寻常的潜力。人没有了退路，就会产生一股爆发力。人的潜能即指人的心理能量、大脑潜力。我们每个人都有巨大的潜能可以开发，一般人只使用了潜能的 1/10，甚至还不到 1/10，也许有人会说："我已经做得很好了，何必再给自己施加压力呢？"

如果你觉得自己太安于现状了，那么不如把自己逼到绝路。也许，你的人生会有很大的转机。

一位原籍上海的中国留学生刚到澳大利亚的时候，为了寻找一份能够糊口的工作，他骑着一辆自行车沿着环澳公路走了数日，替人放羊、割草、收庄稼、洗碗……只要给一口饭吃，他就会暂且停下疲惫的脚步。一天，在唐人街一家中餐馆打工的他，看见报纸上刊出了澳洲电讯公司的招聘启事。留学生担心自己英语不地道，专业不对口，他就选择了线路监控员的职位去应聘。过五关斩六将。眼看他就要得到那年薪三万五的职位了，不想招聘主管却出人意料地问他："你有车吗，你会开车吗？我们这份工作要时常外出，没有车寸步难行。"

澳大利亚公民普遍拥有私家车，无车者寥若晨辰，可这位留学生初来乍到还属无车族。为了争取这个极具诱惑力的工作，他不假思索地回答："有！会……"

"4天后，开着你的车来上班。"主管说。

4天之内要买车、学车谈何容易，但为了生存，留学生豁出去了。他在华人朋友那里借了500澳元，从旧车市场买了一辆外表丑陋的"甲壳虫"。第一天他跟华人朋友学简单的驾驶技术；第二天在朋友屋后的那块大草坪上摸索练习；第三天歪歪斜斜地开着车上了公路；第四天他居然开车去公司报到了。时至今日，他已是澳洲电讯的业务主管了。

这位留学生的专业水平如何我无从知道，但我确实佩服他的胆识。如果他当初畏首畏尾地不敢向自己挑战，就绝不会有今天。那一刻，他毅然决然地斩断了自己的退路，让自己置身于命运的悬崖绝壁之上。正是处在这种后无退路的境地，人才会集中精力奋勇向前，在生活中争得属于自己的位置。

其实，我们每个人都有创造生活的无限潜能，但大多数人只发挥了他们创造才能的一小部分。这是因为很多时候我们没有将自己放在置之死地而后生的境地，没有破釜沉舟的勇气，没有那种一定要成功的强烈愿望。倘若一个人把自己逼到绝路，他的人生或许会出现很大的转机。

星巴克咖啡厅里，李涛和张振武在一起聊天。

当李涛得知张振武刚刚获得哲学博士学位时。便羡慕地说："你的命真好啊！有个当教授的爸爸。所以，你现在能轻而易举地拿到博士学位。而我呢，从小没有父母，无依无靠，至今一事无成。其实，我是多么的想成为一名博士啊！"

"朋友，成功是靠自己去争取、去打拼的，不是上天或某一个人赐给你的。"张振武喝了一口茶，接着说，"就拿我的博士学位来说吧，那是二十年寒窗换来的。当你携着女友在月光下散步时，我正在苦读；当你在美滋滋地享受生活中的各种乐趣时，我依然在苦读……不错，我是有位当教授的父亲，但他只负责提供我最基本的生活物质，就连学费，都有一部分是我自己勤工俭学挣来的。"

"如此说来，成功是一件很容易的事情了？不需要外界的任何帮助？"李涛问。

"不，恰恰相反，成功不是你有了想法就能实现的。有时在外界的帮助下，可能减少你成功路上的阻碍。如果没有帮助，失去了任何依靠，反而能让一个人全力以赴，开掘自己所有的潜能，去获取成功。"张振武回答说。

成功是行动的果实，只想不干或蛮干不思考的人。都有可能与成功无缘。成功得靠自己去争取，去打拼。把成功的希望完全寄托在外界的帮助下的人，即使他得到了帮助，也有可能与成功失之交臂。"靠自己成功"，不是一句空洞的口号，而是决定你能否成功的关键之一。如果你自己不努力、不付出、不行动，那么。即使你躺在机会堆里，成功的大门也有可能永远向你关闭！

有一次，一个喜欢冒险的男孩爬到父亲养鸡场附近的一座山上去，发现了一个鹰巢。他从巢里拿了一只鹰蛋，带回养鸡场，把鹰蛋和鸡蛋混在一起，让一只母鸡来孵。孵出来的小鸡群里有了一只小鹰。小鸡和小鹰一起长大，因而不知道自己除了是小鸡外还会是什么。

刚开始，小鹰很满足，过着和鸡一样的生活。但是，当小鹰逐渐长大的时候，它内心里就有一种奇特不安的感觉。小鹰不时想："我一定不只是一只鸡！"只是它一直没有采取什么行动。

直到有一天，一只老鹰翱翔在养鸡场的上空，小鹰感觉到自己的双翼有一股奇特的新力量，感觉胸腔里心正猛烈地跳着。小鹰抬头看着老鹰的时候，一种想法出现在心中："养鸡场不是我待的地方。我要飞上青天，栖息在山岩之上。"

小鹰从来没有飞过。但是它的内心里有着一股力量和天性。它展开了双翅，飞升到一座矮山的顶上。极为兴奋之下，它再飞到更高的山顶上，最后冲上了蓝天，到了高山的顶峰。

23

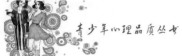
小鹰发现了伟大的自己。

也许有人会说:"这只不过是个很好的寓言而已。我既不是鸡,也不是只鹰。我只是一个人,而且是一个平凡的人。因此,我从来没有期望过自己能做出什么了不起的事来。"这就是一般人不能成功的原因,因为你从来没有期望过自己能够做出什么了不起的事来。也就是说,在大部分时候,我们只把自己钉在我们自我期望的范同以内。

假如你相信潜能的力量,并努力挖掘它,你也一定能创造奇迹!

「钻石」就在自身上

第二章　自尊——欲人尊己先自尊

　　自我尊重的最大秘密是：开始多欣赏别人，对任何人都要有所尊敬，你和别人打交道时要用心考虑，训练自己把别人当作有价值的人来对待，这样，你会惊奇地发现，你的自尊心加强了。

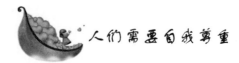

人们需要自我尊重

自我尊重的最大秘密是：开始多欣赏别人，对任何人都要有所尊敬，你和别人打交道时要用心考虑，训练自己把别人当做有价值的人来对待，这样，你会惊奇地发现，你的自尊心加强了。因为真正的自尊并不产生于你所成就的大业，你所拥有的财富，你所得到的荣誉，而是对你自己的欣赏。

这是一个真实的故事：

武汉热闹的一街头，一个衣衫褴褛的少年正在沿街而行，他的脚步很沉重，甚至可以说是跟跟跄跄，他的双眼不停地扫着一家家熟食店，眼里隐约有股渴望的神情。

显然，这少年又渴又饿，但他身无分文。

这时，一餐厅女老板冲他喊道："喂，我这里有碗汤，给你喝吧。"只要智力稍微正常的人都能听出她声音里的嘲讽。

"谢谢，不用了！"少年轻声地说，又艰难地前行。

又到了一家餐厅门口，一位中年男人对少年说："孩子，我是这家餐厅的老板，今天餐厅的生意好极了，我缺一个洗碗的帮手，你能来帮我把那盆碗洗干净吗？当然，洗完后你的报酬是两碗米饭、一碗汤，行吗？"

"好的。谢谢你！"少年欣然同意了。

这时，有人不解地问少年："你已经很饿了，为什么要选择吃这家餐厅的饭呢？"

"因为我不是白吃！这是我劳动所得，这不会损失我的尊严。"少年坦然地说。

生活中的陷阱和深渊中，最可怕的就是自己不尊重自己，这种毛病又是最难克服的。因为它是由我们自己亲手设计和挖掘的深渊。

而一阳尊重自己的人不会对他人抱有敌意：他不需要去证明什么，因为他可以把事实看得很透彻；他也不需要别人证明自己的要求。

"尊重"这个词意味着对价值的欣赏。欣赏你自己的价值并不等于自我中心主义，因为人们需要自我尊重。

 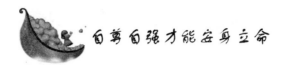

自尊自强才能安身立命

16 岁那年，他是学校里出了名的小混混，骂人、打架、吸烟、逃学，连老师都不敢管他，他常常不以为耻，反以为荣。他喜欢上了一个女生，给人家写情书。谁知那女孩根本瞧不起他，转手就把情书贴到了公告栏。他第一次感觉到什么是羞辱。后来，他换了一所学校，开始痛改前非，勤奋苦读，竟然考上了大学。

22 岁那年，他大学毕业，进了一个机关单位，一杯茶，一张报纸，日子过得悠哉游哉。那次，他去乡下看望朋友，惊奇地发现朋友竟然用一头狼来看家。从朋友那里了解到，狼自小跟狗一样训练，它就会丧失野性。那一刻，他看着温顺的狼，就像看到了自己，心惊不已。不久，他离开了工作轻松的单位，独自去深圳闯荡。

24 岁那年，他进入一家外资企业工作。刚到深圳的时候，他总是特意去找外资公司，想方设法给外方经理递自荐信。那些经理很纳闷，自己并没有招人计划啊，可他说你们总会招人的，那他就有机会了。最后，他成功了。

27 岁那年，他因为工作业绩好，被调到美国总部上班。第一天上班，他想请同事吃饭，好在公司里得到别人的帮助，但是同事们坚持自己付账。那一刻，他仿佛明白了什么，以后更加努力提高自己。

他就是王其善，美国丹佛市全球第四大电脑公司的技术总监。

他说："16 岁，我明白了只有自尊才能得到他人的尊重；22 岁，我明白了只有学会自强自立，才能主宰自己的命运；24 岁，我知道自信是成功的法宝；27 岁，我知道了人只能自强，不要奢望他人来帮你。"

在人生的每个阶段，我们都会遭遇一些事情，唯有自尊自强自立才能成就我们的人生，使我们立于不败之地！

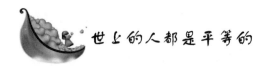

世上的人都是平等的

这世上的人都是平等的，物质上的差异有时并不能说明什么。人与人之间相处，真的需要放下自己的居高临下的优势心理。

奶奶在世时，曾闹过一个笑话。

有一次，电视里转播一场田径比赛，赛场外都是助威的人。奶奶搬了张椅子坐在大彩电前观看，看了半天，没看明白。

她自言自语地说："这些人真可怜。"我觉得十分奇怪，凑到她的耳边问："谁真可怜？"

奶奶说："你看路上这几个人穿着短裤短衫在逃，旁边还有那么多人在骂他们。"

我听了哭笑不得。

多年后我常想起这件事，好像悟到了一些什么。人在这个世上，如果脱离浮华掠影，换一种眼光看待世事，那么许多东西就会发生戏剧性的变化。

在一本杂志上还看到十分类似的故事。有一位在西藏当兵的战士经常给藏民送信。有一次他到一个离驻地很远的地方送信，那村子里只有 3 个村民，当他走了一天的路，疲惫不堪地赶到村里时，已是薄暮时分，村里出门放牧的人还没有回来，只有一个藏族阿姆躺在床上。

阿姆十分衰老，满头白发，皱纹像山一样堆在脸上，床上的棉被又脏又破，露出棉絮。家中没有一件像样的家具，屋内光线很暗，只有屋中间的一堆未燃尽的火堆上冒出丝丝青烟。阿姆见有人来，从床上起来招待他，蹒跚着在屋内移动着脚步，显得十分高兴。战士看着这位阿姆，简直有点想哭。

阿姆从战士手中接过信，连忙取出一碗油茶。她看着战士喝油茶，口中喃喃自语："可怜啊，可怜。你一路上可还好吗？"

这真是一件十分幽默的事情。一个生活在贫困环境中的人，她自己一点也不觉得苦，在她眼里，反而是那个长途跋涉在外奔波的战士才是世上最可怜的人。

苟求完美，不能让自己快乐

苟求自己，追求完美，是不能让自己快乐的。

有一位画家自学画以来，一直都希望自己能作出一副十全十美的画，任何人都无可挑剔的作品。经过多年的揣摩，他终于完成了一幅作品。他带着这幅作品和一支笔来到市场口，请过往的人在他的作品中划出自己最不满意的一笔。一天过去了，他的作品上被画得乱七八糟，几乎每一处都被圈出来，表示被人认为是败笔。画家十分伤心，他没想到自己辛苦完成的作品竟然遭到这么多批评。

经过一夜的思考后，画家又带着作品的备份到了昨天的地方，请过往的人们拿笔指出他们认为最满意的一处。一天过去了，画家的作品上又被涂得乱七八糟，同样几乎没有一处不被标记。画家看着乱糟糟的画，心里十分舒坦。他明白了一个道理：有人喜欢，也就会有人讨厌。根本没必要让每个人都喜欢自己的画。

我们是不是要学学画家先生呢？

追求完美的人。往往用成就来衡量自己的价值，强迫自己努力达到不可能的目标。结果，他们变得极度害怕失败，生活中充满着沮丧、焦虑、紧张。工作效率、人际关系、自尊心受到挫伤，感受不到生活的快乐。

为什么会变成这样？很重要的一个原因就是，不能以正确和符合逻辑的态度看人生。

追求完美的人，最大的错误就是认为不完美便毫无价值。比如说，一个每门成绩取得 A 等的学生，由于在一次考试中只取得 D 等成绩，便大感沮丧，认为这就是失败。追求完美的人害怕犯错，犯错后又做出过分的反应，不快乐便接踵而全。

他们的另一个误解就是认为"我永远都不能把这件事做对"，认为错误会一再重复，他们自怨自艾，却不曾自问能从错误中学到什么，而只是说："我怎么能犯这一的错误？我绝不允许这样的错误！"自责的态度产生受挫和内疚的感觉，快乐就会与他们绝缘。

为了帮助追求完美的人戒除这个心理习惯，加州大学伯恩斯教授请他们列出追求完美的好处和弊端，一名法律系女学生只列出了一个好处：这样做有时会取得优异成绩。随后，她举出了 6 个弊端：

第一，它使我的精神非常紧张，为此有时成绩起伏很大；

第二，虽然有些错误是创作中必然会发生的，但我不愿冒险犯错；

第三，我从来不敢尝试新的事物；

第四，对自己有着太多苛求，使我的生活失去了乐趣；

第五，我不能松弛下来，因为我总是发现未臻完美境界；

第六，我变得不再宽容，很难容忍别人，使别人认为我是个吹毛求疵者。

根据这个详细的分析，她最后认为，放弃追求完美，自己的生活会变得轻松快乐而且更有意义。

伯恩斯教授指出："切合实际的目标，会使人心情轻松，行事有信心，创造力和工作成效也会自然而然地形成，快乐也会常伴身边。我并不主张放弃努力奋斗，不过你也许会发现，在你只是希望有良好的表现而不是追求出类拔萃时，你更有可能会获得一些最佳的成绩。"

我们可以用反躬自问来抗拒追求完美的思想。想想自己犯过的错误，把从中得到的启示与教训详列出来。敢于面对恐惧和保留犯错误权利的人，往往生活得更快乐和更有成就，千万别放弃犯错的权利。当然，追求完美无需冒着失败和受人批评的危险，但同时也会失去进步、冒险和充分享受快乐的机会。

世界上没有完美，追求极致的完美，只是给自己徒增烦恼，要想快乐起来，就不要苛求自己和他人去一味地追求完美。

适合自己的才是最重要的

有一则《井蛙归井》的寓言故事是这样讲的：

井里的青蛙向往大海。请求大鳖带它去看海。大鳖平生第一回当向导，非常高兴，便欣然同意。

一鳖一蛙离开了井，慢慢前行，来到海边。青蛙见到一望无际的大海，惊叹不已。它"呱呱"大叫，急不可待地扑进大海的怀抱，却被一个浪头打回沙滩，措手不及喝了几口咸水，还被摔得晕头转向。

大鳖见状，就叫青蛙趴在自己的背上，带着它去游海。一蛙一鳖漂浮海面上，乐趣无穷，青蛙也逐渐适应了海水，能自己游一会儿了。就这样，它俩玩得很开心。过了一阵子，青蛙有些渴了，但喝不了又苦又咸的海水。它也有些饿了，却怎么也找不到一只它可以吃的虫子。青蛙想了想，对大鳖说："大海的确很好，但以我的身体条件，不能适应海里的生活。最要命的是，这里没有我能吃的食物，看来。我还是要回到我的井里去，那里才是我的乐土。"

大鳖点头道："这点，我可以理解，我在井中体会不到你的快乐，你在海上享受不了我的欢乐，我们还是各自生活在自己的乐园吧。"青蛙说：

"你让我看到了井外精彩的世界，但它不属于我。我很高兴交了你这个朋友，以后保持联系吧。"

于是，青蛙向大鳖告别，回到了自己的井中，过着平安快乐的小康生活。

无论干什么事，认识自己、知道自己的优劣势是非常重要的，也就是说，适合自己的才是最重要的。

聪明人懂得厚积而薄发

在某名校的课堂上，一位同学向著名的法学教授提出了一个很普通的问题：怎样才能成为一个优秀的律师？

教授回答道："咱们先别着急讨论这个问题，让我先给你讲一个故事。我上大学的时候有两个很好的朋友，一个毕业以后就去了律师事务所工作，而另外一个则选择继续学习深造。他们毕业的时候，才23岁。转眼10年过去了，那个参加工作的同学已经成了鼎鼎有名的大律师，而继续深造的另一个同学也结束了学习生涯，跨入了律师的行业。到他们都是35岁的时候，这位33岁才成为律师的同学已经和做了12年律师的另一位同学做的一样好。一样有名。可是到了43岁，也就是他们毕业20年，后者由于10年深造积累的知识不断地派上用场，生意越做越好：而前者却手自己的知识所限，跟不上时代的潮流而日渐沉寂下来。现在不用我说，你们大家都知道如何才能成为一个优秀的律师了吧？"

有人曾说，世上只有两种人，用一个简单的实验就可以把他们区分开来。假设给他们同样的一碗小麦，一种人会首先留下一部分用于播种然后再考虑其他问题；而另一种人则不管三七二十一把小麦全部磨成面，做成馒头吃掉。

我们每个人都想做一个成功的人，优秀的人，只不过在馒头的引诱下，我们失去了忍耐的性子。成功是要讲究储备的，仓库里的东西越充足，成功的机会就越大，也才可能走得更远。成功的路是那样的遥远与艰辛，很多半途而废的失败者都曾是一个在起点上充满信心、跃跃欲试的活生生的年轻人，对这路的尽头有无限的憧憬。口袋里的馒头固然可以令他们在启程以后跑得飞快，不过吃了眼前的，恐怕就没法指望下一顿了。馒头中的卡路里终究有一天会消耗殆尽，没有播种我们就没有支持，没有粮食的保证，我们将过早地凋谢。

聪明的人懂得厚积而薄发。人生的成功之路更像一场马拉松赛跑而不是百米冲刺，前 100 米领先者不一定就能成为全程的优秀者，甚至都不可能跑完全程。

在这遥远的征途上，基础的积累将会起到决定性的作用。如果你自觉先天不足而又已然踏上征程，那就更要格外注意随时给自己补充营养。

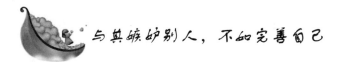

与其嫉妒别人，不如完善自己

前不久，我和朋友阿广同时去一家公司应聘人事经理的职位，公司老总见我们各方面条件都旗鼓相当，一时难以取舍，便决定将我俩一起留下来试用三天，然后再从中录用一个。

试用第一天，老总就下达了任务，要我和阿广同时到人才市场设点，招聘一名人事主管，谁先完成任务就录谁。招聘那天，我连连面试考核许多前来应聘的求职者，但这些人要么学历太低，要么有学历无能力。抱着宁缺毋滥的心态，我一个也没看中，一天下来无功而返。阿广则很快就录用了一个。令我吃惊的是，被录用者竟是被我淘汰过的。没想到他在阿广的招聘点获得了成功。

我大惑不解，便问阿广何以眼光如此之差，这样的平庸之材也看得中？阿广笑了笑，故作高深莫测状；道出一番惊人之语："如果招用的人比我强，虽然对公司有好处，但对我而言则是一个威胁，因为他时时都有取代甚至超越我的可能；但若录用一个比我差的人，我就可以稳坐现在职位而无后顾之忧……"

听了阿广的一番话，我暗暗惊叹他的精明，心想这个职位已非他莫属了！回到公司，阿广将他招来的人介绍给了老总，我则抱歉地告诉老总，因为没有合适人选所以只好空手而归。

然而出人意料的是，老总当众宣布我被录取了！阿广和他招聘的那个"庸才"则被舍弃了。

入职那天，老总和我谈了一番话，未了，他在我面前放了一个特制的布娃娃，说：“请你将它打开。”我疑惑地打开布娃娃，打开小的，里面还有一个更小的，如此下去，在最小的布娃娃肚里放着老总的亲笔字条：“作为人事经理，如果你老是招聘比你差的职员，那么公司就会像这布娃娃一样越来越小，最后成了‘侏儒’企业：如果你能录用比你强的人，我们的公司才能迅速发展壮大……”

许多天的疑惑一扫而空，我终于明白了“精明”的阿广为什么会落选——是正确的用人观念助我赢了他，最终获取了老总的信任，坐上了这个人事经理的职位。

人生重在自我完善，而不是击倒他人。与其嫉妒别人，不如完善自己。如何对待比自己强的人，如同一面镜子，折射出一个人深处的东西。

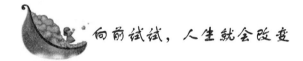

向前试试，人生就会改变

有时候一件小事便有可能使你悟彻人生。

其实那不过是普通的一日。我臂下夹着书包，匆匆走过一个公园，突然的哭声吸引了我的目光，一个仅仅几岁的女孩，头穿过公园的两根铁栏杆中间，怎么也回不去。看那小小的痛苦的脸，许多人和我一样围了过去，一个男人还有我，用力把铁栏杆向两边拉，希望能使小女孩的头退回去，一个老妇人也凑到近前，更有几个年轻人寻找着退回去的最佳角度。

时间静悄悄地流过了，小女孩的姐姐在一旁呆呆地瞧着。当一切无济于事的时候，锯断铁栏杆的想法萌芽了。就在这时，刚刚走过来的另一个男人的声音飘进我的耳朵：“这时候别再想退回去了，小孩的头能过，身子就能过，向前试试吧！”

结果，小女孩几经努力，真就通过了铁栏杆。

其实，每时每刻想一想这几个简单的字“向前试试吧”，那你将永远快乐，你的人生将是永不停止的。

对待人生命运的不同看法

对待命运、对待人生，不同的人有着不同的看法。每个人都是自己最大的敌人，可是每个人也是自己的天使。

一个乞丐很早上路了，当他把米袋从右手换到左手，正要吹一下手上灰尘时，一颗大而晶莹的露珠掉到了他的掌心。乞丐看了一会，把手掌递到唇边，对露珠说：

"你知道我将做什么吗？"

"你将把我吞下去。"

"看来你比我更可怜，生命全操纵在别人的手中。"

"你错了，我还不懂什么叫可怜。我曾滋润过一朵很大的丁香花蕾，并让她美丽地开放。现在我又将滋润另一个生命，这是我最大的快乐和幸运，我此生无悔了。"

乞丐一下子停住了脚步。

 ## 压力也是难得的人生财富

伯乐在集市上选了一匹青鬃马。他说，只要经过训练，这匹马一定可以成为千里马。

可是，好几个月过去了，无论伯乐采取什么办法，青鬃马的成绩始终不理想。每日的奔跑距离，总是在 900 里左右徘徊。

伯乐对青鬃马说："伙计，你得用功啊！再这样下去，你会被淘汰的！"

青鬃马愁眉苦脸地说："没法子啊，我已经尽最大的努力了。"

伯乐问："真的吗？"

青鬃马说："真的。我把吃奶的劲儿都使出来了。"

35

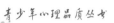
又一天的训练开始了。青鬃马刚起跑，突然背后响起惊雷般一声吼叫。青鬃马扭头一看，一头雄狮旋风般向它扑来。

青鬃马大吃一惊，撒开四蹄，没命地狂奔起来。

晚上，青鬃马气喘吁吁地回到伯乐身边说："好险！今天差点喂了狮子！"

伯乐笑道："可是，你今天跑了1050里！"

"什么？我今天跑了1050里？"青鬃马望望伯乐，伯乐脸上挂着神秘的笑容。

青鬃马心中豁然一亮。从此，它一上训练场，就设想有一头狮子在后面追赶自己。后来，它果然成了一匹千里马。

青鬃马之所以能突破局限，发挥自己潜能，是因为它有了忧患意识。人也一样，有了压力，有了动力，便会尽力而为，做出惊人之举。

曾有一名学生师从一位著名钢琴家学艺。这位自恃天分很高的学生，在演奏老师交给他的一个乐谱时，却漏洞百出。

学生满面羞愧，带着乐谱回家，苦修了一个星期。在他满怀自信不无骄矜地要向老师表演时，老师却又交给他另一份乐谱，这是难度较之上一份明显加大了的乐谱。为了维护自己的"面子"，也借此证明自己的"实力"，他强压下了对老师作业难度过大的抱怨，全身心地投入到对新曲子的练习中。就这样他在几乎得不到丝毫喘息的情况下。"被迫"一次次接受难度越来越高技术要求越来越高的钢琴曲子的挑战。

终于有一天，忍无可忍的学生当着老师的面，表达了自己对训练方法的看法，宣泄了自己一个时期来因为训练难度过大而缺乏激烈的情绪。老师听后，并没有为自己作任何辩解。他只是平静地把这位学生以往练习过的曲子随意抽出几份，让学生当面弹奏给自己听，当昔日那些他曾视为难比登天的曲子，竟随着自己娴熟的指法汩汩流出时，学生竟连自己也被深深感动了。

学生怔怔地望着老师，满怀歉意地读着老师那会心的眼神，终于明白了老师的良苦用心。

生活中，压力也是一笔难得的人生资源和财富，人生的绚丽和精彩都是在承受压力接受挑战的过程中书写出的。不敢正视、甚至逃避压力的一生是失败的一生，是没有希望的一生。勇于承受挑战，时时适当地给自己加压，人生之路便将光彩夺目，无限风光。

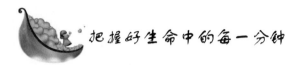

把握好生命中的每一分钟

一位向往成功、渴望被指点的青年人向著名的教育家求教，于是，教育家与青年人约好了见面的时间和地点。

公园最显眼的一棵大树下，青年人如约而至，教育家已站在大树边，没等青年人开口，教育家点点头，看一下表说："年轻人，请你等我一分钟。"说完教育家大步朝前走去。一分钟后教育家走出了很远的一段路，和青年人拉开了不小的距离。教育家在前面停下脚步，转过身，高声招呼："年轻人，跑过来，跑到我这儿来!"青年人跑起来很快，姿势也很好看，不到一分钟就和教育家站在了一起。

可是，没等青年人站稳，把满腹有关人生和事业的疑难问题讲出来，教育家微笑着，非常客气地说："年轻人，你可以走了。"

青年人仰着头一下子愣住了，既尴尬又非常遗憾地说："我……我还没向您请教呢……"

"这还不够吗?"教育家用手指点远处的那棵显眼的大树，细语轻言地说："一分钟，我和你。"

青年人望着远处的大树若有所思，"我……我懂了，您让我明白了一分钟完全可以改变自己的位置。"

教育家舒心地笑了。青年人向教育家连连道谢后，开心地走了。

其实，岁月里的每一分钟都是新的起点。把握好生命中的每一分钟，也就拥有了理想的人生。请记住，一分钟就可以改变自己的一生。把握好生命中的每一分钟，也就拥有了理想的人生。

37

调整心态，过去不等于未来

不论你过去怎么失败，怎么不幸，这都不重要。重要的是你对未来必须充满希望，同时及时调整好自己的心态，明确目标，乐观积极地去行动，那么成功就一定属于你。

"上次我没完成任务，这次把任务交给小王吧，他比我更有执行力。"

"不行，我设计的图纸从未获过奖，这次您把这么重要的图纸交给我来设计，我肯定无法胜任。"

"什么？让我去上海开拓市场？肯定不行！我不是学营销专业的。"

"我想转行，这一辈子再也不从事设计专业了。前几天设计的方案，被老板'枪毙'了，我再也经不起这样的失败了！"

生活中，有诸如此类想法的人很多，他们一旦在某一方面遭遇失败，便认为自己"不行"、"不能"、"不可以"，其实有这种想法是错误的。

动物王国里，老虎与狮子的拳击比赛，再一次以老虎的失败而告终。遭遇两连败的老虎已对拳击比赛心灰意冷，它决意远离拳坛，去过一种流浪的日子。

一天，当老虎正在"开心酒吧"自酌自饮时，突然听到邻桌的小鹿对斑马说："喂，伙计，看到了吗？坐在咱们对面桌旁的，就是连续两年被伟大的拳击手狮子打下擂台的那个家伙。"

"连续两年的失败者，居然还有脸面这里喝酒！"斑马也附和道。

老虎听完它们的议论后，更是羞愧万分，它没有勇气再在人多的地方呆了，它害怕再听到人们的嘲笑。于是，便跑进深山里，终日与老树、枯藤为伴。

一天，过路的神发现了正在晒太阳的老虎，便问："你在深山里干什么？怎么不练拳击了？"

"我不再练拳击了。练了也是白练。"

"为什么？"神惊讶地问。

"我是个失败者。已被狮子连续两年击败！"

"那是你的过去。但过去不等于未来呀！"

老虎听了神的话后，心有所悟。于是，老虎调整好自己的心态，走出深山，重新回到了拳击台。

在第三年的拳击挑战赛中，老虎终于战胜了狮子，夺得了金腰带，成了动物王国新一代最伟大的拳击手。

的确，正如神所言，过去不等于未来。因此，我们不能拘泥于过去，把自己限制在一个狭小的领域并深陷其中。过去的已永远成为过去，只有未来，才是我们应该竭尽全力去争取的。如果你昨天曾在感情上遭受到伤害，那么今天你仍要鼓励自己尽快走出情感的低谷，要相信这世上还有真情在；如果在工作上，自己好的建议没被上司采纳，也不要气馁，日后再找合适的机会提出，只要你的建议有益于公司，相信上司终究会采纳。

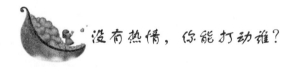

没有热情，你能打动谁？

我会成为一名推销员，并非命中注定；成为一名优秀的推销员，也并非命中注定。以前，我从来没想过，我会靠推销吃饭；现在，我却因推销而闻名。命运无常，谁能预料！

最初，我是一名职业棒球手，效力于约翰斯顿队，甲级球队，月薪175美元，因此我的生活既体面，又滋润。谁知道老板竟然要解雇我。因为年轻，我并不在意。老板斥责我说："我们不需要懒惰者，你像职业球手吗，你有职业精神吗？"

"是的！我懒惰！我没有精神！那又怎么样？"我大声回敬了他，恼羞成怒，毫不在乎地离开了球队。

现在想想，我感到惭愧。老板说的一点没错，直到今天，我还会想起我在赛场上蔫头蔫脑、没精打采的熊样。

我的生活窘迫起来，不得不降低颜面，加入了宾州的切斯特队，级别很低，月薪只有 25 美元。我感叹自己是虎落平川遭犬欺，心中燃不起一点热情。经常有熟人跟我打招呼，那更糟，简直是一种折磨。

我徘徊了一星期，决定离开那鬼地方，去远远的康州纽黑文队。月薪仍然是 25 美元，但没有人认识我，我可以治疗一下心情，从头开始。

看天际孤云，我对自己说："我要重新振作！一定要重新开始！我才 22 岁呢，怎能不生龙活虎！"

热情燃烧起来，我奔驰于赛场，像骏马，像洪流，像炮弹。我感到身体内波'涛汹涌，必须奔跑才能释放。我的力量也大得出奇，投过去的球差点震落队友的手套。我感染了队友，他们跟着我奔跑；队友感染了观众，他们站起来呼喊。我没有杂念，没有感觉，只想着打球；我浑身是胆，孔武有力，只想着奔跑；我热血沸腾，豪情奔放，只想着胜利。我成了赛场的中心。

那一阵子，我真感到自豪，是神奇的精神力量在支撑着我，驱赶我，鞭策我。成绩和荣誉也让我感到骄傲。昔日被解雇的人，在今天却成了明星。州报刊印我的照片，记者总来"打扰"我，写文章称我为"锐气"，说我是"有史以来第一个给不能人级的球队注入了'灵魂'的人"。真没想到，我会获得那样的赞誉，现在提起来就让我神往。

有耕耘就有收获，我的月薪涨到了 185 美元，那可是一大笔钱啊。两年后，月薪竟然涨到 770 美元。那段日子我是多么幸福，你简直无法想象。多么成功！多么舒服！多么惬意！

但是，我注定成不了明星。在芝加哥的一场比赛中，我挥舞右臂，球脱手的一刹那，剧痛穿心而来，我的胳膊骨折了。我简直要为它哭泣，胳膊啊，你是我的生命啊，我爱你！现在你却要让我永远地离开赛场！那打击跟战争中失去一条腿没有差别！好战士宁可战死沙场，也不愿苟延残喘！

但是有些事情是不可逆转的。我一脸心灰意冷地回到了费城老家。接下来的日子很艰难。我先做了两年收款员，骑着脚踏车，一条街一条街，帮家具厂收款，报酬是 1 美元一天。没有阳光，也看不到希望。命运反复，谁能预料！

然后，我又加入寿险公司，想碰碰运气。干推销，完全是为生活所迫，因此，我只想试一试。8 个月后，我准备退出。

如果我的奋斗没有成功，我不知道是否会用这样的态度来看待当时的困难：

"那一段日子真是折磨人啊，你实在是看不到一点希望。开始，他们总是鼓动说'某某某又签下一单，提成多少'，我热血沸腾：他签一单等于我做一年，为什么还不行动呢？可是 8 个月下来，我什么都没有拉到。既然不适合做推销，还待在那里干什么？"

我又开始翻招聘广告了。无意中翻到了戴尔·卡耐基先生的成功学讲座。他的名声我早听说了，抱着死马当做活马医的态度，我决定去听听。

谁能想到，戴尔·卡耐基先生随手一指，竟要我当场发言。惶惶无主中，我战战兢兢立起身来，感觉手无处放，结结巴巴吐出一点声音来。

"等一等，先生，请等一等！"戴尔·卡耐基先生摇头摆尾，毫不客气地打断我，"拿出生气来，年轻人！您这样讲话，哪一个爱听？没有热情，能打动谁？"

戴尔·卡耐基先生就此大谈"热情"话题。讲到激动处，他挥手摔断了一条椅腿，演讲也戛然而止。声音洪亮，感情饱满，目光坚定，意气奔放，余音绕梁，回肠荡气，这就是我对那堂课的印象。

"没有热情，你能打动谁？"那晚我失眠了，反复念叨着那句话。"'开谈多含情，话终有余响'。他的热情就是这样的吗？我的热情在哪里呢？纽黑文的快乐时光为什么一去不复返了呢？我的热情消失了，我的生命枯萎了。我怎么能这样呢？不！决不！我怎能一事无成！"

"现在不奋斗，更待何时？等我老了吗？那怎么行啊！我怎能随波逐流！"一夜辗转反侧，我决定要改变自己的命运。太阳升起，我又一次听见了婉转的鸟叫。

那天打出的第一个电话，我永生不忘。我精神饱满，信心十足，

41

没有任何畏惧。那一次真是速决战，对方立刻答应面谈。会谈时，我热情洋溢，妙语如珠，对方当场就签了单。他是费城的谷物商伊尔顿先生。他说："如果我的员工都有您这样的热情，我的生意一定能好十倍。"然后我们成了好朋友。他是我的第一个顾客，我一辈子都记得他。

从那一天起，我感受到奋斗的乐趣，第一次体会到"做自己主人"的美好感觉：没有热情，你能打动谁？

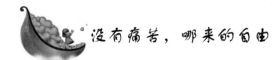

没有痛苦，哪来的自由

印度有一个青年名叫帕斯塔基亚，他很小就染上了麻风病。幸运的是他无意中结识了一位来自家乡马德拉斯传教行医的传教士医生保罗·布兰迪，两人成了忘年交。从此好心的布兰迪医生便把帕斯塔基亚带在身边，无微不至地照顾他。几年后的一个夏天，帕斯塔基亚想回家过个周末，一是探望家人，二是想看看自己独立生活的可能性。

由于麻风病的原因，帕斯塔基亚的神经末梢对外界的刺激没有感觉，无法感觉到疼痛。临行前，布兰迪医生告诫他对陌生环境中的危险要格外小心。一切准备就绪，帕斯塔基亚登上了开往马德拉斯的火车。

星期六晚上，和亲戚朋友尽兴而散的帕斯塔基亚，回到自己曾住过的房间，一头倒在草铺上，沉沉地睡着了。第二天早晨一觉醒来，帕斯塔基亚做的第一件事就是仔细检查全身。因为永远无法感知痛苦，随时随地检查自己，是他唯一可以判断危险、保护自己的办法，多年来帕斯塔基亚已经养成了这个习惯。检查的结果让他大吃一惊，帕斯塔基亚发现自己左手的食指血肉模糊。原来这个房间年久失修，他熟睡时，有只老鼠从墙洞里钻进来，竟然把帕斯塔基亚的手指当成夜宵。但由于感觉不到疼痛，帕斯塔基亚连一只小老鼠都抵御不了。

周日晚上，帕斯塔基亚不敢掉以轻心。他整夜盘腿坐在草铺上，背靠着墙，借着油灯的光看书。破晓时分，他的眼皮越来越沉重。终于再也抵挡不住疲倦，帕斯塔基亚头一歪睡着了。几小时后，帕斯塔基亚被家人的叫声惊醒，原来帕斯塔基亚的右手滑到了盛灯油的碗里，手背上的皮肉都被烧焦了，幸亏油灯的油所剩不多，又被家人及时发现，否则连他本人也会葬身火海。看到这一切，帕斯塔基亚失意地告别了亲人，双手缠着绷带离开了马德拉斯。

布兰迪医生在回忆录中写道："帕斯塔基亚回来后，我为他清理伤口，我们都忍不住失声痛哭。因为没有感知痛苦的能力，帕斯塔基亚最渴望的自由被剥夺了。"

布兰迪医生在文章最后说，"当你在痛苦中挣扎，抱怨上苍不公时，我希望你会想起帕斯塔基亚的故事。没有痛苦，就无法知道危险的存在，没有进退的尺度，就无法判断做的是对还是错，无法保护自己，就永远担惊受怕，没有自由。帕斯塔基亚的故事教给我们一个人生真谛：没有痛苦哪来的自由！"

第二章　自尊——欲人尊己先自尊

第三章　自爱——坚韧的内心源自爱

你是把自己看作一块不起眼的石头，还是把自己视为有独特价值的珍宝呢？这就是自爱与不自爱的根本区别。

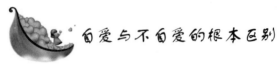

自爱与不自爱的根本区别

你是把自己看作一块不起眼的石头，还是把自己视为有独特价值的珍宝呢？这就是自爱与不自爱的根本区别。

在我们从小到大所受的教育之中，接受的都是要热爱集体、关心别人的观念。但却很少有人提到要关爱自己。我们也许都有这样的感觉，一提到爱自己，好像这个人就自私自利。

那么，关爱自己是不是自私自利呢？关爱自己的实质是什么呢？关爱自己不是爱慕虚荣，在别人面前争面子，更不是狭隘的自私自利和贪图安乐，而是一种自我实现的价值感。如果一个人真正地爱自己，就要真心实意地认定自己有价值。并要通过艰苦努力的行动来实现自己的价值，活出自己的风采。

一个生长在孤儿院中的男孩，觉得连自己的父母都不肯要他，自己一定是没有可爱之处。他悲观地问院长："像我这样没有人要的孩子，活着究竟有什么意思呢？"然而院长并没有直接回答他的问题，而是对他说："过几天你就会明白了。"这使得男孩感到十分困惑。

几天后，院长交给男孩一块石头，并对他说："明天早上，你拿这块石头到市场去卖，但不是真卖，记住，不论别人出多少钱，绝对不能卖。"男孩心存疑惑地想："一块石头，还能卖钱吗？"

第二天，男孩蹲在市场角落，意外地有几个人要向他买那块石头，而且价钱越出越高。回到孤儿院，男孩兴奋地向院长报告，院长并没有感到奇怪，而是要他明天拿到黄金市场去叫卖。第二天，在黄金市场上，竟有人出比昨天高 10 倍的价钱要买那块石头。

第三天，院长又叫男孩把石头拿到宝石市场上去展示。结果，石头的身价又涨了 10 倍，而且由于男孩怎么都不卖，竟然被买石头的人认为这是稀世的珍宝。男孩兴冲冲地捧着石头回到孤儿院，将这一切禀报院长。院长对男孩缓缓地说："生命的价值就像这块石头一样，在不同的环境下就会有不同的意义。一块不起眼的石头。因为你珍爱不轻易抛售，从而提升了它的价值，被别人说成是稀世珍宝。而你自己其实就像这块石头一样，只要自己看重自己，珍爱自我，生命的价值就会得到提升。"

男孩听了院长的话，从此对自己非常珍惜。

其实，这个故事也适用于我们每一个人。你是把自己看作一块不起眼的石头，还是把自己视为有独特价值的珍宝呢？这就是自爱与不自爱的根本区别。

当我们最初来到这个世界上的时候。都认为自己是最重要的人。但是在成长的过程中，南于受到自卑感和弱化个性教育的影响，就会使人在不知不觉之中自我轻视和自我压抑。事实上，每个人都有独特的个性，都是一个宝藏。就像在这个世界上没有两片相同的树叶一样。你是一个独一无二的人，你应该重视自己，珍爱与众不同的自己。

自己爱自己，才会使你有力量在孤立无援的时候冲出逆境，在痛楚无助的时候可以独自安慰受伤的心灵。当你独自支撑着人生的苦难，没有一个人能为你分担的时候，可以为自己送上一束鲜花，送上一份祝福，自己给自己温暖和力量。

自己爱自己，就是要你学会督促和矫正自己。这一生总有许多时候没有人指导、督促、叮咛、告诫你。这时候，你就必须学会为自己浇水施肥、修枝打杈，使自己成长为一棵笔直葱茏的树，而不是沉沦为一棵随风舞动的草。

自己爱自己，这是光荣而不是羞耻。它不是夜郎自大的无知和狭隘，而是对生命本身的崇尚和珍重。自己爱自己、可以让你的生命更加美满和健康，让你的灵魂更为自由和强壮，让你亲手去砌砖叠瓦，建造自己的宫殿，成为自己精神家园的主人。所以，不管你有多忙，有多少负担，多留一点时间去关心给自己吧！真诚地关爱自己，才会生活得美好！

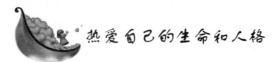

热爱自己的生命和人格

我们可以说是诞生过两次：一次是为了生命。另一次是为了生活，人诞生两次，人的自爱便因而发生两次：一次指向他的自然生命，一次指向他的社会生命。没有自爱的第一次发生，第二次自爱就无从谈起；只有第一次自爱，自爱就不可能放射出人性的光辉。人诞生两次才能成为一个完整的人，自爱发生两次才能发展成为一个统一的、完满的人生。

孙中山作为民国第一位总统，却甘愿做人民的公仆，身体力行，以身作则，充分体现了他为人师表的道德风范，无不令人敬仰。

有一次，孙中山出去作报告，他既没有带随从，也没有带卫兵，步行到会场大门。门卫不认识他，看他穿着平常，又没有随从，就把他拦住，说："今天孙大总统要来，别人不许随便进去。"孙中山笑了笑说："总统不也是个普通人吗？大总统不过是百姓的公仆罢了。"

说着，他把名片递给卫兵。卫兵一看，面前这个普通的人竟然就是大总统，惊慌得不知怎么才好，正想赔礼，孙中山已经微笑着进门去了。

人必自助然后天助之，人必自侮然后人侮之。同样，人必自爱然后人爱之，人必自厌然后人厌之。一个人如果不知自尊自爱，反而自轻自贱，就不可能活得堂堂正正、朝气蓬勃。他的生命只能像一堆湿柴，只会冒烟而不会燃烧，也就谈不上什么光明的前途。

在现实生活中，我们首先要养成自尊自爱的好习惯。要知道，只有懂得自尊自爱的人，在生活中才能自信自强，用自己的肩膀承担起自己的命运而不仰承别人的鼻息；你的生命潜能也将因此而得到你的着力开发，最大限度地发出光和热，照亮自己并温暖别人。

可见，凭借自尊自爱，我们才能珍惜自己的生命和人格，才能意识到人生的价值并鼓起生活的勇气，才能维护自己的正当权利，并担当起做人的责任。

自尊自爱是人生弥足宝贵的资源，没有比无视甚至破坏这个资源更为愚蠢可悲的事情了。没有比珍惜和充分利用这个资源更为明智的举动了。培养完美的人格，就从我们的自尊自爱做起吧！恩格斯说："当一个人专为自己打算的时候，他追求幸福的欲望只有在非常罕见的情况下才能得到满足，而且绝不是对事对人有利。"于己有利是"自爱"，于人有利是"仁爱"。而人格自尊意义上的"自爱"则既指向自己，又指向他人。自爱由此而通向仁爱。

努力去爱自己的生命及人格吧！要知道无论是你的自然生命，还是你的社会生命，都是弥足珍贵的，并且仅有一次。

提升自我，爱自己的职业

目前竞争激烈，上班族一定得设法提升自我价值，才能在职场生存发展。上班族要不断自我进修，吸收各种知识并培养第二专长，要敢于投资自己，提高自己的附加价值，培养自己不论处于什么情况下都能存活的本领。

邢小姐只有初中学历，经历了无数次的职场失意后，来到一家广告公司做勤杂工。她的日常工作是负责公司内部的杂务，取稿、送样，每天很忙碌，穿梭在一座座写字楼、一家家公司之间，做原稿和样稿之间的"链接"。但她没有因此而自暴自弃，她在这来来回回中不断揣摩广告创意和客户意图，积累了很多经验。她在完成本职工作之余发奋自学，从每天经自己手中"迎"进"送"出的稿件中汲取营养与经验。她还看一些关于广告策划、文案写作以及广告理论方面的书籍，一有空就埋头苦读，也练就了一定的审美观，有时还对一些广告作品评头论足。

她还经常揣摩公司同事们创作出的作品，留意报刊、杂志、电台、电视台以及其他广告公司发布的广告，从中找出缺陷，自己在心底悄悄地加以改进；同时，也留意他们创作中的神来之笔，以此作为提高自己的一种参照，不知不觉，竟从中学到了不少本领，丰富和充实了自己的大脑。在一次胡萝卜素的广告创意中，邢小姐也想了一条并做成了完整的策划方案。第二天。主管审核创意部人员的创意时都觉得做得不好。

这时，邢小姐很害羞地跟主管说："我也写了一个，您看一下行不行？"主管看到了她的广告语后非常惊讶，连连夸奖了她。这个广告方案顺利地通过了客户的认可，邢小姐就此正式成为创意部的工作人员。

如果你充分发挥自己的才能，那么你就能调动内在因素来增加自己的价值，即发掘自身的潜能。成功全靠自己赢得，学会爱自己的职业，有百利而无一弊。

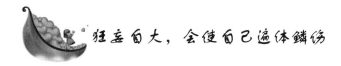

狂妄自大，会使自己遍体鳞伤

一场暴雨过后，池塘的水面上漂起了串串水泡。这些水泡在水面漂浮着，不断地凝聚成大的水泡。

其中一个大水泡在水里飘飘悠悠地晃着，只见它向左一晃，吞并了身旁的一个小水泡；向右一晃，又吞并了另一个小水泡。伴随它一个个地吞噬同伴的同时，它的身体也一点点地膨胀着。这时，大水泡有些飘飘然，不知自己是谁了……

"哈哈哈，我真是太了不起了！太伟大了！你们这些小不点儿都是我的臣民，如果谁敢冒犯我，我就将它吞噬……"

一个小水泡实在看不下去了，警告它说："亲爱的朋友，不要太霸道了。这样下去你会把自己毁掉的！"

"什么？你这个小东西，竟然还敢指责我！哈哈哈！"对小水泡的奉劝，大水泡感到很可笑，"你竟然敢对我如此不敬，就让其他人看看反抗我的下场吧，我要吃掉你……"

说着，它开始向小水泡漂了过去。

然而，当大水泡腆着又大又圆的肚子肆无忌惮地逼近小水泡，想要吞噬它的时候，由于肚子撑得太大，只听"嘭"的一声，大水泡瞬间消失了。

《尚书·大禹谟》云："满招损，谦受益。"如果一个人不能客观正确地评价自己，总以"老子天下第一"自诩，狂妄自大、不可一世，那么他的这种自我膨胀最终会使得自己遍体鳞伤。

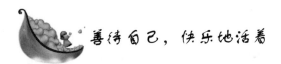

善待自己，快乐地活着

人生苦短，生命只有一次，是激情澎湃地活着，还是在担心、烦恼之中度日子呢？答案当然是前者。虽然上苍不会永远赐予我们阳光、鲜花、美酒，但我们也没有理由不好好度过每一天。只有珍惜生命中的每一秒，美丽、快乐地活着，我们的人生才不算虚度。

一位老音乐家在"文革"中被下放到农村，负责为马棚添加饲料。就这样，老音乐家为牲口铡草，一铡就是 5 年。可等他平反回来，人们发现他依然精神饱满，没有憔悴、埋汰之感。

有人觉得很奇怪并询问他原因。

老音乐家笑着说："怎么会呢？日子很好过啊！心里有音乐，到哪里都有音乐，每天锄草，我都是打着拍来锄的。"

生活中，像老音乐家这样不管在什么情况下都美丽地活着的人还大有人在。

一位十四五岁的少年，他的家在一幢 10 层楼的顶层，每天放学，他都爬楼梯回家。每上一层楼，他都不停地变换着步法：或是一蹦一蹦地上台阶，或是三步并做两步向上跑，或是背转身体向后探步……

毫无疑问，无论是老音乐家还是少年，都是一个很会生活的人，很会善待自己的人，他们活得美丽而充实。

在地球上的万物中，人类的生命并不算太长，到了一定时候，每个人都无法与自然抗衡，也无法阻挡身体机能的衰老。然而，很多人从懂事到生命结束，都生活在灰暗的日子里，他们活得累，活得窝囊，活得没有色彩。而造成这一切的根源。是他们自己没有改变心态，好好地活着。

其实，生命中那些无休止的痛苦，那些偶尔得之的欢乐，还有平淡、忧伤等等，都是人生优美的乐章。没有痛苦，怎能体味到快乐？没有平淡，哪里有辉煌？美丽地活着，痛苦中也就孕育着希望和快乐。

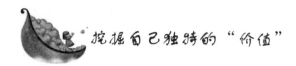

挖掘自己独特的"价值"

一个年轻人遇到了令自己困惑难解的人生问题：同样一个人，人们对他的评价却截然不同。有人说他是天才，会有一番成就；有人骂他笨蛋，说他会一事无成。苦恼的他去请教禅师。

禅师问："那你觉得自己是什么样的人呢？"

年轻人摇摇头："我也不知道。"

"就像1斤大米，不同的人着眼点不同，它的价值也就不同。在主妇看来，它也就是三五碗米饭；在老农心中，它不过能卖1元多钱；而卖粽子的知道，做成粽子，它值3元钱；到了做饼干的那里，变成饼干，就是1元钱了；进了味精厂，提炼成味精，可就是8元钱了；而到了酿酒商那里，经过酝酿、加工，能卖40元钱。可是，1斤米还是1斤米。"

闻言，年轻人豁然开朗。

一个人的真正价值，不在于外界怎么评估你，而在于自己能否挖掘自己独特的价值，然后将其发挥到极致。

将心放宽，做个想得开的自己

有位商人由于一个错误的决定使事业上蒙受了巨大的损失。对此，商人耿耿于怀，他后悔自己当初的决定，不愿意接受已经发生的事实，结果商人失眠了好些日子，痛苦不堪，但问题并没有得到解决。更为严重的是这件事情还让他想起了以前一些微不足道的损失，他在万念俱灰中折磨自己。

这种自虐的情形持续了很长一段时间。有一次在拜访一位朋友时，他倾诉了内心的痛苦，朋友并没有给他讲长篇大道理，而是给他讲了一个发生在身边的故事：

在北京城郊住着一位老人，他特别喜欢收集各种古董，一旦发现自己喜欢的古董，无论花多大的价钱，他都要把它买下来。

有一次，朋友告诉他，在潘家园市场发现了一个年代久远的瓷瓶。这位老人听到这个消息后，立刻下楼，骑上自行车，直奔潘家园。最终，他花了很高的价钱买下了瓷瓶。

老人把这个宝贝放在箱子里，绑在自行车的后座上，兴奋地哼着小曲。边卖力蹬着自行车。途中，谁知由于箱子栓的不牢固，只听"咣"的一声从自行车后座掉到了地上，摔得粉碎。

老人听到清脆的响声后，居然连头也不回地照样往前骑，嘴里还哼着"苏三离了洪洞县……"

这时，路边一个行人对他大声喊道："老大爷，你的瓷瓶摔碎了！"

"摔碎了吗？听声音一定是摔得粉碎，无可挽回了。"老人没有回头。只是大声回应着那个行人。

"真是个怪人！"

"摔碎了，很可惜啊！"

在路人的惋惜声中，老人始终没有停住自行车，甚至没有回头看一下，就那样潇洒地走了。

商人听了这个故事，陷入了沉思。

不妨做个想得开的自己，与其为了不可挽回的错误耿耿于怀，辗转难眠，不如将心放宽，"不管风吹浪打，胜似闲庭信步！"

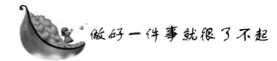 做好一件事就很了不起

曾有名人说过："一个人一生能做好一件事就很了不起。"当然，这事情肯定是大事业。

只要是人，就算本领再大、精力再旺盛、活得再长，也不可能把每一个行业都尝试完。可以说，他能做的事非常有限。

因此，想想实现自己的理想，就必须在这有限的时间里，挑最适合的事情去做。假如什么都试试，可能什么都试不好，青春和生命都浪费了，后悔都来不及。

最适合的事，可能就是最感兴趣的事，在这方面自身天赋最好，客观条件也有，那么用恒心和毅力去浇灌，就能越做越好。

自身的天赋及后天的培养，这些是一个人最基本的素质。如果想做特殊的职业，那自身的条件要求就更高。

很多职业对身体素质要求很高，例如运动员、演员、飞行员、时装模特；有的对智力有特殊要求，如科学家、外交家、主持人、高级管理人员等等；除此之外，另有一些职业，对人有特别的要求，一般人难以胜任这些职位，例如品酒员，那就是对味觉和嗅觉有特别要求的。

可见，兴趣和爱好只是从业的一个重要因素，身体和智力条件也不可忽略。也许大家都对运动员和演员的风光十分羡慕，但是如果真想往这方面发展，那就要在爱好和勤奋方面增加其他条件。

就算自身条件具备了，也别以为这时做什么事就一定成功，因为客观条件也很关键，可以说，两者同样重要。

孔子说："知之者不如好之者，好之者不如乐之者。"可见，孔子也很赞成在快乐中学习，选择能激发自己兴趣的工作，孔子在教育学生时，也是很注重营造有浓厚趣味的学习氛围的，这样使门下的弟子们进步很快。

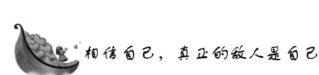

相信自己，真正的敌人是自己

常言道，世上无难事，只怕有心人，没有翻不过的山，也没有趟不过的河。只是因为不相信自己能力的人多了，世界上才有了"困难"这个词语。

1862 年 9 月，美国总统林肯发表了将于次年 1 月 1 日生效的《解放黑奴宣言》。在 1865 年美国南北战争结束后，一位记者去采访林肯。他问："据我所知，上两届总统都曾想过废除黑奴制，《宣言》也早在他们那时就起草好了。可是他们都没有签署它。他们是不是想把这一伟业留给你去成就英名？"林肯回答："可能吧。不过，如果他们知道拿起笔需要的仅是一点勇气，我想他们一定非常懊丧。"林肯说完匆匆走了，记者一直没弄明白林肯这番话的含义。

直到 1914 年林肯去世 50 年后，记者才在林肯留下的一封信里找到了答案。在这封信里，林肯讲述了自己的幼年时的一件事："我父亲以较低的价格买下了西雅图的一处农场，地上有很多石头。有一天，母亲建议把石头搬走。父亲说，如果可以搬走的话，原来的农场主早就搬走了，也不会把地卖给我们了。那些石头都是一座座小山头，与大山连着。有一年父亲进城买马，母亲带我们在农场劳动。母亲说，让我们把这些碍事的石头搬走，好吗？于是我们开始挖那一块块石头。不长时间就搬走了。因为它们并不是父亲想象的小山头，而是一块块孤零零的石块，只要往下挖一英尺，就可以把它们晃动。"

林肯在信的末尾说：有些事人们之所以不去做，只是他们认为不可能。而许多不可能，只存在于人的想象之中。

这个故事很有启迪性。它告诉大家，有的人之所以不去做或做不成某些事，不是因为他没这个能力，也不是客观条件限制，而是他内心的自我想象首先限制了他，是他自己打败了自己。

一些成功学研究大师分析许多人失败的原因，不是因为天时不利，也不是因为能力不济，而是因为自我心虚，自己成为自己成功

第三章　自爱——坚韧的内心源自爱

的最大障碍。有的人缺乏自重感，总觉得自己这也不是，那也不行，对自己的身材、容貌不能自我接受，时常在人面前感到紧张、尴尬，一味地顺从他人，事情不成功总觉得自己笨，自我责备，自我嫌弃。有的人缺乏自信心，怀疑自己的能力；有的人缺乏安全感，疑心太重；对他人的各种行动充满戒备，有的人缺乏胜任感，工作中缺乏担当征途的气魄，甘心当配角；也有的人反其道而行之，为掩饰自己的缺点或短处，夸张地表现自己的长处或优点……

这些人们真正的敌人是他们自己。

每个人在一生之中，或多或少总会有怀疑自己，或自觉不如人的时候。

研究自我形象素有心得的麦斯维尔·马尔兹医生曾说过，世界上至少有95%的人都有自卑感，为什么呢？电视上英雄美女的形象也许要负相当大的责任，因为电视影响人心实在太大了。

有些人的问题就在于太喜欢拿自己和别人比较了。其实，你就是你自己，压根儿不需要拿自己和任何其他人比较。你不比任何人差，也不比任何人好，造物者在造人的时候，使每一个人都是独一无二，不与任何其他人雷同的。你不必拿自己和其他人比较来决定自己是否成功，应该是拿自己的成就和能力来决定自己是否成功。

拿破仑·希尔指出：在每一天的生活中，如果你都能够尽力而为、尽情而活，你就是"第一名"！

许多人喜欢看 NBA 的夏洛特黄蜂队打球，特别喜欢看 1 号博格士身高只有 1.6 米，在东方人里也算矮子，更不用说即使身高两米都嫌矮的 NBA 了。

据说博格士不仅是现在 NBA 里最矮的球员，也是 NBA 有史以来破纪录的矮子。但这个矮子可不简单，他是 NBA 表现最杰出、失误最少的后卫之一，不仅控球一流，远投精准，甚至在高个队员中带球上篮也毫无所惧。

每次看到博格士像一只小黄蜂一样，满场飞奔，心里总忍不住赞叹。其实他不只安慰了天下身材矮小而酷爱篮球者的心。

博格士是不是天生的好手呢？当然不是，而是意志与苦练的结果。

『钻石』就在自身上

博格士从小就长得特别矮小，但他非常热爱篮球，几乎天天都和同伴在篮球场上玩耍。当时他就梦想有一天可以去打 NBA，因为 NBA 的球员不只是待遇奇高，而且也享有风光的社会评价，是所有爱打篮球的美国少年最向往的梦。

每次博格士告诉他的同伴："我长大后要去打 NBA。"所有听到他的话的人都忍不住哈哈大笑，甚至有人笑倒在地上，因为他们"认定"一个 1.6 米的矮子是绝不可能打 NBA 的！

他们的嘲笑并没有阻断博格士的志向，他用比一般高个子的人多几倍的时间练球，终于成为全能的篮球运动员，也成为最佳的控球后卫。他充分利用自己矮小的优势：行动灵活迅速，像一颗子弹一样；运球的重心偏低，不会失误；个子小不引人注意，抄球常常得手。

要取得事业成功、生活幸福，重要的要有积极的自我心像，要敢于对自己说："我行！我坚信自己！我是世界上独一无二的人！"就像释迦牟尼佛诞生时，一手指天，一手指地，说："天上天下，唯我独尊。"

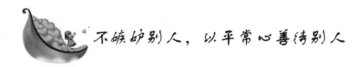

不嫉妒别人，以平常心善待别人

嫉妒比自卑和自高自大要可怕得多。它从心底一出发，就像一条毒蛇一样吐着红色信子，所及之处总使别人致伤致残，甚至致死，这种可怕的心理就是嫉妒。

某省的一偏远山区，由于山高路远，交通不便，无论男女，出山的很少，婚姻结合也都是当地"自给自足"。某年山村分配来一城里的师范毕业生当教师。小伙子干净整洁的服饰、洒脱活泼的性格、渊博不凡的学识，像一条清亮的河流给沉闷的山村注入了生机和活力，当然也像一朵艳丽的花招来山里的小姑娘围着他翩翩起舞。可是，时间不长，小伙子竟遭杀害，凶手是当地几个"光棍"。审讯的时候，问他们为什么杀害这个年轻的教师。其回答竟令人瞠目结舌：山里的小姑娘都围着这个教师转，而瞧不起他们。多么简单、多么轻易地杀人动机！不用过多思考，造成这一悲惨结果的罪魁祸首就是山里男人的嫉妒，在这个出色人物面前，他们想的不是向他学习，努力调整自己，改造自己向他看齐，与他公开合理的竞争，而是以恶毒的手段铲除对手，满足自己落后的私欲，这真令人可恨之余又觉得十分的可悲。

嫉妒是一条毒蛇，它使平庸者变得疯狂而残忍，在渐次增长的恶妒中无情地伤害别人并成为一种可怕的惯性，而无辜者却被摧残得鲜血淋漓。

什么样的人生才是真正有光彩有意义的？面对别人的辉煌时刻又该如何正视自己的平庸？其实在大千世界中，每个人都有一个适当的定位。正确地确立自己在生活与事业中的位置，正确地评估自己的能力和价值，不嫉妒别人，以一颗平常之心善待别人，也善待自己，那么哪怕是一份最平常的人生也自有它平常的珍贵！

著名作家冯骥才先生有一篇文章，题目叫《富人区》。写的是他一次旅美的经历。文章是这样的：

在洛杉矶，一位美国朋友开车带我去富人区观光，到那儿一瞧，千姿百态的房子和庭院，幽雅、宁静、舒适，真好比人间天堂。我忽然有个问题问他："你们看到富人住在这漂亮的房子里，会不会嫉妒？"我这美国朋友惊讶地看着我，说："嫉妒他们？为什么？他们能住在这里，说明他们遇上了一个好机会。如果我将来也遇到好机会，我会比他们住得还好！"

这便是标准的"老美"式回答。他们很看重机会。

后来在日本，一位日本朋友说他要陪我看看不远处的富人区。日本人的富人区，小巧、幽静、精致，每座房子都像一个首饰盒，也挺美。我又想到上次问过美国朋友的那个问题，便问日本朋友：

"你们看到富人们住着这样漂亮的房子会嫉妒吗？"

这个日本朋友稍想了想，摇摇头说："不会的。"继而他解释道："如果一个日本人看到别人比自己强，通常会主动接近，以便把他的长处学到手，再设法超过他。"

人的心理真是各具千秋，在什么样的环境和文化背景下，就会产生什么样的心理，而这种心理也会随着人文环境的变迁和文化层次的提高而表现出不同的倾向和变换出不同的色彩。

感恩对手，帮助我跨向成功的彼岸

劲草感恩疾风，因为流水让它看到了更加美丽的大千世界；我感恩对手，因为对手锻炼了我坚强的毅力与不懈的精神，帮助我跨向成功的彼岸。

小时候，我成了一名久负盛名的学校的新生。记得那天我兴高采烈地来到了这所学校，并到我的班主任处签名报到。这所学校承诺设立小型班级和真正的图书馆，它看来是一个装修布置得体，适合学习的地方，而我也一心一意盼望着开学的日子早点到来。

到了中午，我自认一切还都称心如意。但是下课时间，当我坐在厕所内的一个小单间里方便时，我听见几个男生走了进来——我估计他们有三个人。使我心灰意冷的是，我很快意识到，他们明显正在议论我，并且用最肆无忌惮的词语。他们争先恐后地对我品头论足，嘲笑我的头发，我的体重，我的鞋袜，我的穿着，我的嗓音，以及我的仪态举止。不知是谁发现了从同一厕所另一单间露出的我的鞋，"噢，上帝！他就在这里。"我听到一个男孩在低语，接着传来他们匆匆离去的声音。

我当时必须要面对的最为难的事是，在三双眼睛全神贯注的审视下，如何回到那间教室去。那时我不懂得那些男孩也许会有些后悔，我只是怀疑他们是否担心我会辨别出他们的声音，可我在学校的时间太短，还不能听得出。对我来说，在那间教室的每一个男生都是值得怀疑的，并且在厕所的几分钟已经告诫我那分明是"他们的"学校，我只是一个不受欢迎的闯入者。

在这个世界上，众多13岁的孩子碰到的事都是非常恶劣的，是难以用语言来表述的，所以，我的故事看起来似乎不值一提。凡是踏入一所新学校的孩子，都可能有一种格格不入、落落寡欢的感觉，再加上孩提时代的那种童稚的惶恐不安，这些不尽如人意的事都是不足为奇的。而仅有我遇到的这件事异乎寻常，因为它对我的感情上造成的影响成为一桩我负载多年的精神包袱。

我不得不在内心与自己展开激烈的斗争，拼命努力，不使自己的情绪失控，出于倔强和清高的秉性，我不想让我的敌人知道（他们已经成为我的敌人）他们对我的伤害有多深，他们激起了我万丈的怒火，当我充分认识到这一点已为时太晚。试想如果当时我能够认识到这一点，大吼一声，冲出厕所，与那些男孩子正面交锋，这件事也许早就通过对骂的较量，眼泪的尽情抛洒而得到平息。

但我还不具备那种洞察力，也缺乏应付这种对抗局面的情感储备。相反，为了维护自己的心理防线，使之免受伤害，我虽然恼羞成怒，却也没有发作，我又回到了那间教室。在接下来的几周甚至几个月的时间里，我用我的怒气来构筑一道坚硬无比、刀枪不入的心理防护层，用它严严实实地包裹着我的内心，守护着我的心灵。

我在大量的阅读材料中寻求慰藉，它使我过早地由天真趋向成熟，比起我的同班同学，这会使我产生一种优越感，他们钟情于啤酒的狂饮和冲浪的潇洒，我开始写诗歌与小说，自愿为学校的文学刊物写稿，同时致力于钻研音乐，参加学校的合唱团，在大大小小的管弦乐队中做演奏员。渐渐地，我被另外一些与我志同道合的人所接纳，如果说我们是社会的弃儿，至少我们大家能够共同成为弃儿。我不断找机会施展我的才华，尤其是写作方面的才华，我开始借助个人奋斗为自己闯出一些名气，而从不奢望依靠同伴的赏识赞许，而且长年累月的写作的积累已经赋予我一种对人的本性思考的准确的穿透力。

那些男孩对我的所作所为应该说是非常恶劣的，但更加恶劣的是，我把他们对我的敌意与歧视，深深地植根于心灵，并且背负如此沉重的精神负担走过我的整个青春期。

只有当我的愤怒找到一个创造性的宣泄时，我才开始认识到：从长远来看，那些给我人生带来如此震撼的男孩，实际上使我终生受益匪浅。他们看起来不再像是敌人，而只是个别13岁的孩子在那个该诅咒的年龄段受一些势利思想的支配，不经意间的冲撞冒犯。我能够透过他们窥视到我自己，我也能通过我的遭遇认清他们。从而促使我的性格转向内向，转向从事文学写作，从这个角度看，正是他们鼎力相助，为我开启了一扇通往世界的大门。

快乐是自己的，不是别人的

有一段日子，心情很不好。因为每天都要加班，下班回家常常已是凌晨，第二天醒来，又是中午时分了。洗脸、刷牙、用过中餐，又得开始新一天的工作。

有时就在问自己，自己为什么工作？为了生活吗？可是，现在自己已没有生活了。

一天十几个小时的案牍之累，有时还得为一些杂志写约稿，即使是一台机器，也承受不了这样的磨损。我消解疲劳的方式是按摩，就在家门前，有个盲人，四十来岁，每天凌晨，他的店仍然亮着灯，似乎专门等我来。

每次，盲人总是说："你的颈椎有问题了，可不能再恶化下去了。"我苦笑。

去过几次，就和盲人熟识了。我精神好的时候，会和他聊一些话题。

慢慢知道了他的一些情况。他的眼睛并不是先天瞎的，而是因为一次事故。他还记得富春江的样子，他说那时候江边全是低矮的平房，小街悠长而狭仄。我说，现在平房全拆了，造起了宽阔的道路，还有公园，很漂亮。

他跟我说他的眼睛还没瞎时的事情，他经常到富春江中去钓鱼，江中的鱼很多，有一种白鱼，很多，肉很细嫩。有一次我钓了好大的一条，拖到岸边时，都无法下手弄上来。等到那鱼儿折腾得精疲力竭，才把它抓上来。回到家一称，足足有 3 公斤，邻居全来了，他们看着这么大的白鱼啧啧称奇。

说到这里，他突然笑了。

我很少听到一个盲人的笑。在我的人生经验里，一个残疾人很少会在健康人面前笑。尤其是当他谈及自己的往事的时候。

盲人为我推拿完，有些气喘吁吁。但他一边整理毛巾，一边哼

第三章　自爱——坚韧的内心源自爱

起小曲。

有一天，我忍不住问他："你为什么那么开心？"他又笑了，随即突然沉默下来，而后说："像我们这样的人，能生存下来已经很不易了。每天，我做第一个生意时，我就想，今天的房租费有着落了；当我做第二个生意时，我就想，自己可以吃上盒饭了。快乐是自己的事，就看自己怎么去想了。"

那天，我走出推拿室，外面的大街已空无一人。我睡意蒙眬踩着松散的步伐回家，我在心里一遍遍告诫自己，要快乐起来，对于快乐，没有人能帮得了我，唯有自己。

别把坏心情污染给别人

"烦着呢，别理我！"这句话很是流行了一阵子，有些人还把它印在 T 恤上。我觉得对说这句话和穿这种 T 恤的人倒真的应该肃然起敬，因为他们无异于在说："离我远点儿，我的心情不好，可别污染了你们。"也就是说，他们不想把自己的烦恼痛苦强加于不相干的人。本来嘛，把坏心情污染给了别人，自己就会好受些吗？实在未必。说不定，惹恼了别人，又会给自己增添新的痛苦新的烦恼。

五一假期，春风拂面，晴空万里，我们一家三口兴致勃勃地去公园游玩。由于平时工作忙，我难得陪妻儿玩一回，因此那天妻子特别高兴，儿子更是高兴得手舞足蹈。在通往游乐场的被苍松翠柏掩映的石子小道上，我和妻子一人领着儿子的一只小手，边走边在小道上洒满笑。对面走来两个小伙子，小道很窄，我就抱起儿子尽量往旁边靠给人家让路，可是尽管如此，我的肩膀还是被重重地撞了一下。我回头去看，见其中一个小伙子也正怒气冲冲地回头看我，那样子好像是我和他有什么过节，只要我稍显不满，他就会立刻赏我一顿老拳。我感到莫名其妙，想说上句又忍住了，因为一来人们走路时彼此蹭蹭碰碰是很正常的事，二来我怕因此破坏了一家人的好心情，于是我扭过头去，只当什么事情也没有发生，继续说说笑笑地往前走。

在坐空中脚踏车的时候，我正和妻子边蹬车边逗儿子玩，忽听"咚"的一声，我们的身体一震，儿子一个前扑，头重重地磕在脚踏车的扶手上，"哇"的一声哭喊起来。我连忙回头——简直是邪了门，竟然又是那两个小伙子！这次我忍无可忍了，因为他们显然是有意撞我们的车。

"你们要干什么？"我怒不可遏地问。一个小伙子虎视眈眈地瞪着我们，正要开口，被他旁边的另一个给小伙子拦住了。他说："对不起，他今天心情不好，请多包涵。""简直岂有此理！"我气愤地说，"他心情不好那是他的事，干嘛要把气撒在别人身上？干嘛要让别人的心情也不好？"

妻子怕我们打起来，边哄孩子边劝我，同时快速将脚踏车骑到终点。可是，这一天已经被那小子给毁了。不仅我的心情，妻子和儿子的心情也被糟踏得一塌糊涂。我们哪还有兴致再玩下去，只得一边揉着儿子头上的包，一边愤愤地离开公园。

这件事不禁让我想起去年的大年初三。那天，我们几个同事相约到另一个同事家拜年。主人炒了几个菜款待我们。两瓶老窖下肚以后，大家觉得喝得差不多了，正要起身告辞，一位老兄却嚷嚷着要再喝一瓶。见没有人应，他忽然痛哭起来，一把鼻涕一把泪地说我们看不起他。主人抹不开面子，只好又去买了一瓶酒来，不想那位老兄抢过酒瓶，一扬手在地上摔了个粉碎，说："既然看不起我，这酒喝着还有什么意思？"气得主人差点儿和他打起来。那天的结局当然是大家不欢而散。

其实，我们都知道那位老兄心情不好，因为他年前刚刚离了婚。可是他实在不该把这种坏心情传给别人，因为离婚的是他，别人并没有义务承担他的烦恼，他更不该把烦恼宣泄到别人头上。大过年的，大家聚在一起就是为了高兴，而他那么一闹，别人都被连累得不痛快。还有公园里的那位小伙子，他也许挨了上司的训斥，也许做生意亏了本，可那是他自己的事情，他有什么权利把自己的坏心情污染给别人，甚至把别人当作出气对象呢？

人这一生遇到的不如意的事情恐怕连自己也数不清，学会平衡和控制自己的情绪，在己是一种涵养，对人是一种公德。如果我们一有烦心事就唯恐别人不知道，就大肆污染别人的心情甚至伤害别人，那么别人只会看不起我们，因为那只能说明我们的神经太稚嫩太脆弱，我们自己也早晚会因此而吃苦头。至少，被人指责为"缺德"，是一点儿也不冤枉的。

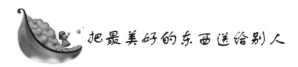

把最美好的东西送给别人

我一直以为自己是一个慷慨的人。因为我很喜欢送东西给别人，比如我不喜欢的衣服、玩具和饰物。

我以为接收过我的小礼物的人，一定喜欢并感谢我。但是，妈妈却不这样认为。在她看来，这表面上看是慷慨，其实是吝啬。对此，我并不以为然。

有一天，妈妈带我去拜访他的上司。告辞时，她的上司送给我们一箱柠檬。

回到家，我和妈妈把箱子打开，发现里面是一些皱皱巴巴、比鹅蛋大一圈的小柠檬。我忍不住大叫："什么破玩意儿？还没有咱家的好！扔了都没人要！"

妈妈指指地上的柠檬，说"这些柠檬至少告诉我们两个信息：第一，这是别人送的，如果是自己买的就不会放这么久了。第二，这是他们吃不了挑剩的，扔了又觉得可惜，就顺便送给我们。"我看也不看那些柠檬，用鼻子哼了一声："哼，什么破玩意儿！"

"对，什么破玩意儿！你要永远记住这句话。当你把自己不喜欢、不需要的东西送给别人时，你得到的就是这句话！"我的脸刷地一下红了。我想起以前送给别人的那些穿过的衣服、挑剩的玩具、饰物，当他们回到家打开时，他们也一定说过相同的话。

记住，不要把别人当傻瓜。他会和你一样，知道这东西的价值。要么不送，要送就把自己认为最好、最喜欢、最舍不得的东西送给别人。

『钻石』就在自身上

愤怒情绪是一种心理病毒

我们每个人都避免不了动怒，愤怒情绪是一种心理病毒，可以使你重病缠身，一蹶不振。愤怒者不仅仅表现出厌烦或生气，这仅是一种外在表情，其核心则是一种惰性。也许会说："是的，我也明知自己不该发怒，但就是控制不住自己"。如果这样，你更得看看心理学家如何替你诊治了。

留心四周，你无不可以找到正在生气发怒的人们。商店里，也许顾客正在和营业员吵架；出租车上，司机也许正因交通堵塞而满脸怒色；公共汽车上，也许两人正在为抢占座位而大打出手……。此种情形，不胜枚举。那么你呢？是否动辄勃然大怒？是否让发怒成为你生活中的一部分，而且你是否知道：这种情绪根本无济于事？也许，你会为自己的暴躁脾气大加辩解："人嘛，总都有生气发火的时候"、"我要不把肚子里的火发出来，非得憋死不可"。在这种借口之下，你不时地自我生气，也冲着他人生气，你似乎成了一个愤怒之人。

其实，并非人人都会不时地表露出自己的愤怒情绪，愤怒这一习惯行为可能连你自己也不喜欢，更不用说他人感觉如何了。因此，你大可不必对它留恋不舍，这不能帮助你解决任何问题。

让我们来看看心理学家们是如何看待"愤怒"的。这里我们所提的愤怒是指当某人在事与愿违时做出的一种惰性反应。它的形式有勃然大怒、敌意情绪、乱摔东西甚至怒目而视、沉默不语。它不仅仅是厌烦或生气，它的核心是惰性。愤怒使人陷入惰性，其起因往往是不切实际地期望大千世界要与自己的意愿相吻合。当事与愿违时，便会怒不可遏。

事实上，极端愤怒是一种精神错乱——每当你不能控制自己的行为时，你便有些精神错乱。因此，每当你气得失去自制时，你便暂时处于精神错乱状态。

愤怒情绪对人的心理没有任何好处。

65

同其他所有情感一样，愤怒是头脑思维后产生的一种结果。它不会无缘无故地产生。当你遇到不合意愿的事情时，就告诉自己：事情不应该这样或那样，于是你感到沮丧、灰心。然后，你便会作出自己所熟悉的愤怒的反应，因为你认为这样会解决问题。只要你认为愤怒是人的本性之一部分，就总有理由接受愤怒情绪而不去改正。

如果你仍然决定保留自己心中愤怒的火种，你可以通过不造成重大损害的方式来发泄愤怒。然而，你不妨想想，你是否可以在沮丧时以新的思维支配自己，用一种更为健康的情感来取代使你人生惰性的愤怒。

美国一位来自伊利诺州的议员康农在初上任时就受到了另一位代表的嘲笑："这位从伊利诺伊州来的先生口袋里恐怕还装着燕麦呢！"

这句话的意思是讽刺他还没有摆脱农夫的气息。虽然这种嘲笑使他非常难堪，但也确有其事。这时康农并没有让自己的情绪失控，而是从容不迫地答道："我不仅在口袋里装有燕麦，而且头发里还藏着草屑。我是西部人，难免有些乡村气，可是我们的燕麦和草屑，却能生长出最好的苗来。"

康农并没有愤羞成怒，而是很好地控制了自己的情绪，并且就对方的话"顺水推舟"，作了绝妙的回答，不仅自身没有受到损失，反而使他从此闻名于全国，被人们恭敬地称为"伊利诺伊州最好的草屑议员。"

有的人在与别人合作时听不得半点"逆耳之言"，只要别人的言词稍有不恭，不是大发雷霆就是极力辩解，这样的人又怎能成大事呢。其实这样做是不明智的。这不仅不能赢得他人的尊重，反而会让人觉得你不易相处。采取虚心、随和的态度将使你与他人的合作更加愉快。

我们在与人相处时，不可能事事都一帆风顺，不可能要每个人都对我们笑脸相迎。有时候，我们也会受到他人的误解，甚至嘲笑或轻蔑。这时，如果我们不能控制自己的情绪，就会造成人际关系的不和谐，对自己的生活和工作都将带来很大的影响。所以，当我们遇到意外的沟通情景时，就要学会控制自己的情绪，轻易发怒只会造成相反的效果。

凡是允许其情绪控制其行动的人，都是弱者，真正的强者会迫

"钻石"就在自身上

使自己控制情绪。一个人受了嘲笑或轻蔑，不应该窘态毕露，无地自容。如果对方的嘲笑中确有其事，就应该勇敢地承认，这样对你不仅没有损害反而大有裨益；如果对方只是横加侮辱，且毫无事实根据，那么这些对你也是毫无损失的，你尽可置之不理，这样会愈发显现出你的人格魅力。

能否很好地控制自己的情绪，取决于一个人的气度、涵养、胸怀、毅力。历史上和现实中气度恢宏、心胸博大的人都能做到有事断然，无事超然，得意淡然，失意泰然。正如一位诗人所说：忧伤来了又去了，唯我内心的平静常在。

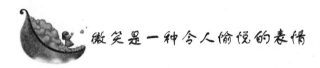

微笑是一种令人愉悦的表情

微笑是一种令人愉悦的表情。每当别人面对你的这种表情时，他便会感到你的自信、友好，同时这种自信和友好也会感染他，使他油然而生出自信和友好来，从而使他对你亲切起来。能让自己的脸上多一点微笑，是生活快乐的象征。

曾有一个获得遗产的纽约妇人，她参加一次宴会时急于留给每一个人良好的印象。她浪费了好多金钱在黑貂皮大衣、钻石和珍珠上面。但是，她对自己的面孔，却没下什么功夫。她的表情尖酸、自私。她并不懂得每一个男人所看重的是：一个女人面部表情比她身上所穿的衣服更重要。

再次，微笑是一种令人愉悦的表情。每当别人面对你的这种表情时，他便会感到你的自信、友好，同时这种自信和友好也会感染他，使他油然而生出自信和友好来，从而使他对你亲切起来。

威廉·史坦是纽约证券股票场外市场的一员，他在给一位朋友的信中曾谈起了一些他的经历：

"我已经结婚十八年了，"史坦在信上说，"在这段时间里，从我早上起来，到我要上班的时候，我很少对我太太微笑，或对她说上几句话。我是百老汇最闷闷不乐的人。

"既然你要我以微笑的经验发表一段谈话，我就决定试一个星期看看。因此，第二天早上洗漱的时候，我就看着镜中我的满面愁容，对自己说：'你今天要把脸上的愁容一扫而空。你要微笑起来。你现在就开始微笑。'当我坐下吃早餐的时候，我以'早安，亲爱的'跟我太太打招呼，同时对她微笑。

"你会说，她可能大吃一惊。你低估了她的反应。她被弄糊涂了，她惊愕不已。我对她说，她从此以后可以把我这种态度看成惯常的事情。而我每天早晨这样做，已经有两个月了。

"这种做法改变了我的态度，在这两个月中，我们家所得到的幸福比去年一年还多。

"现在，我要去上班的时候，就会对大楼的电梯管理员微笑着，说一声'早安'；我以微笑跟大楼门口的警卫打招呼；我对地铁售票处的出纳小姐微笑，当我跟她换零钱的时候；当我站在交易所时，我对那些以前从没见过我微笑的人微笑。

"我很快就发现，每一个人也对我报以微笑。我以一种愉悦的态度，来对待那些满肚子牢骚的人。我一面听着他们的牢骚，一面微笑着，于是问题就容易解决了。我发现微笑带给我更多的收入，每天都带来更多的钞票。

"我跟另一位经纪人合用一间办公室。他是个很讨人喜欢的年轻人，我告诉他最近我所学到的做人处世哲学，我很为所得到的结果而高兴。他接着承认说，当我最初跟他共用办公室的时候，他认为我是个非常闷闷不乐的人——直到最近，他才改变看法。他说当我微笑的时候，我充满慈祥。

"我也改掉了批评他人的习惯。我现在只赏识和赞美他人，而不蔑视他人。我已经停止谈论我所要的。我现在试着从别人的观点来看事物，而这些正改变着我的人生。我变成一个与以往完全不同的人，一个更快乐的人，一个更富有的人，在友谊和幸福方面很富有——这些也才是真正重要的事物。"

请记住，写这封信的是一位老练的、足迹遍达世界各地的股票经纪人。他的事例说明，只要你学会微笑，你就会受到别人的欢迎。

再次，微笑能帮助我们化干戈为玉帛。在这方面，《创富学》创始人拿破仑·希尔曾讲述过一段他自己的亲身经历："有一天，我的车停在十字路口的红灯前，突然'砰'的一声，原来是后面那辆车的驾驶员的脚滑开刹车器，他的车撞了我车后的保险杆。我从后视镜看到他下车，也跟着下车，准备痛骂他一顿。

"但是很幸运，我还来不及发作，他就走过来对我笑，并以最诚挚的语调对我说：'朋友，我实在不是有意的。'他的笑容和真诚的说明把我融化了。我只有低声说：'没关系，这种事经常发生。'转眼间，我的敌意变成了友善。"

但是要记住，我们需要的只是发自内心的真诚的微笑，不真诚的微笑骗不了任何人，相反，它只能使人感到讨厌。而发自内心的、真诚的、温暖的微笑，才能在生活中卖得好价钱。密歇根大学的心理学家詹姆士·麦克奈尔教授谈到他对笑的看法时说，有笑容的人在管理、教导、推销上较会有功效，更可以培养快乐的下一代。笑容比皱眉更能传达你的心意。这就是在教学上要以鼓励代替处罚的原因所在了。一个纽约大百货公司的人事经理告诉希尔，他宁愿雇用一名有可爱笑容而没有念完中学的女孩，也不愿雇用一个摆着扑克面孔的哲学博士。

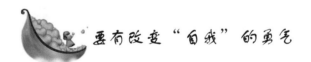

要有改变"自我"的勇气

有一条小河从遥远的高山上流下来，经过了很多个村庄和森林，最后，它来到了一个沙漠的边缘，小河无法穿越沙漠。

"也许这就是我的命运了，我永远也到不了传说中那个浩瀚的大海了。"小河灰心了。

"你想没想过让自己蒸发到微风中？让微风带你从我的身上飞过，到你的目的地去？"沙漠提醒道。

小河从来不知道有这样的事情，放弃自己现在的样子，然后消失在微风中。

"不！不！"小河无法接受这样的观念，毕竟它从未有过这样的经验。叫它放弃自己现在的样子，那不等于自我毁灭吗？

"微风可以把水汽包含在它的身体里，然后飘过沙漠，到了适当的地点，它就把这些水汽释放出来。于是就变成了雨水。然后这些雨水又会形成河流，继续奔涌向前。"沙漠很有耐心地回答。

"那我还是原来的河流吗？"小河又问。

"可以说是，也可以说不是。"沙漠回答说，"但是，不管你是一条河流还是看不见的水蒸气，你的本质都从来没有改变。"

小河终于鼓起勇气，投入微风张开的双臂，让微风带着它，飞越过广袤的沙漠。生命的历程有时也像一条小河，要想跨越生命中的障碍，就要有改变"自我"的勇气。

有一个跳芭蕾舞的女孩在车祸中失去了一条腿了，为此她非常痛苦。她就找心理学家去咨询。一见到心理学家就哭了，并泣不成声地说："我好惨呵，我多么的不幸呵，我这一辈子都忘不了这件事情了……"

心理学家当场对她说："这位小姐，是你自己把自己的腿撞断的。"

听完这句话，这位小姐吓了一跳，说："你说什么，我怎么可能自己撞断自己的腿？"

心理学家对她说："你的腿被撞断了，但在你的心里，你每天不断地回想你的腿被撞断的那一刻，那么一年下来，你本来只被撞断的一条腿就反复地在你的脑海里被撞断。"

"这是怎么回事呢？"女孩不解地问。

"在你身边发生了一件不好的事情，你好像看了一场不好的电影一样，天天在回想，这不是很笨的事情吗？这与重蹈覆辙有什么区别呢？"

一位学者指出：你改变不了环境，但你可以改变自己；你改变不了事实，但你可以改变态度；你改变不了过去，但你可以改变现在；你不能控制他人，但你可以掌握自己；你不能预知明天，但你可以把握今天；你不可以样样顺利，但你可以事事尽心；你不能延伸生命的长度，但你可以决定生命的宽度；你不能左右天气，但你可以改变心情；你不能选择容貌，但你可以展现笑容。

『钻石』就在自身上

第四章　自立——迈好青春第一步

　　不要以为你离了某人就活不下去！只有自立之人，才会有拯救自己的方法。

自立的人，自己的事自己干

人生之路，要靠自己的勇气和毅力追求成功的目标。凡事依赖他人者，永远称不上自立的人，其结果，不是"侏儒"，便是附庸。

著名教育学家陶行知先生曾有一首《自立人生歌》，歌中写道：滴自己的汗，吃自己的饭，自己的事自己干，靠人、靠天、靠祖上，不算是好汉。

要做一个好汉，要靠自己的双脚走出人生之路，要靠自己的双手创造出美好的新生活，切不可靠他人来为自己造福。须知，靠神神跑，靠庙庙倒，靠自己最好。

怎样才能靠己立身？欲立身，先立品，人无品不立。换言之，要立身，先修身，不修身者难以立身。这就要求我们要自觉地加强品德修养，培养自己的诚实正直、谦虚谨慎、光明磊落、精忠报国等优秀品质，这乃是立身之基础。

在青年中曾流传着一句顺口溜："学好数理化，不如有个好爸爸。"一些人不是靠本事、靠水平、靠奋斗去升学、就业、晋升，而是靠依赖而偷生，这种堕落现象，像蛀虫一样腐蚀着一些青年人的灵魂。

一位诗人写了一首《自立为荣》的诗：

> 靠父母的，
> 只能受父母的荫护，
> 在大树下，
> 只能长成嫩小的蘑菇；
>
> 靠亲友的，
> 终究被亲友耽误。
> 他们给的拐杖——
> 当不了顶梁柱；

靠投机的，

也许能得一时的舒服，

最后必将输掉全部赌注！

靠上帝的，

可能享受虚假的满足，

结果让良心在宗教里麻木。

不，一切有志青年要大胆回答：

幸福就在于不断地把自己的理想追求！

立身，在人生风雨中要有坚定性。靠己立身之所以不易，还因为它常常受到外界风风雨雨的袭击。在风雨中不飘忽、不动摇，且能站稳脚跟的人才能立身。明代李贽深有感触地说："能自力者必有骨也。"我们不能患"软骨病"，而是应在风风雨雨中迎着困难前进。有了这种精神才能真正立身。

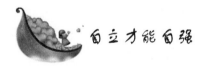

自立才能自强

不要以为你离了某人就活不下去！只有自立之人，才会有拯救自己的方法。

从前，有一位体育老师，教我们溜冰。

开始时，我不知道技巧，总是跌倒。所以，他给我一把椅子，让我推着椅子溜。

果然，此法甚妙，因椅子稳当，可以使我站在冰上如站在平地上一般，不再跌跤，而且，我可以推着它前行，来往自如。

我想，椅子真是好！

于是，我一直推着椅子溜。

溜了大约一星期之久，有一天，老师来到冰场，一看我还在那儿推椅子哪！这回他走上冰来，一言不发，把椅子从我手中搬去。

失去了椅子，我不觉惊惶大叫，脚下不稳，跌了下去，嚷着要

第四章　自立——迈好青春第一步

那椅子。

老师在旁边，看着我在那里叫嚷，无动于衷。我只得自力更生，站稳了脚步。

这才发现，我在冰上这么久，椅子已帮我学会了许多。但扶椅子只是一个过程，真要学会溜冰，非把椅子拿开不可——没有人带着椅子溜冰的，是不是？

不要以为你离开了某人就活不下去！

更不要使你自己离开某人就活不下去！

世上没有人可以支持你一生！

别人可以在必要时扶你一把，但别人还有别人的事，不能变成你的一部分，来永远支持你。还是拿出力量来，承认"坚强独立，自主多福"这八个字吧！

所以一个人决不能坐享其成，如此下去，往往适得其反。

古希腊神话中有这样一个故事。

宙斯之子赫拉克勒斯小时候，曾碰到过两位女神，一个叫美德女神，一个叫恶德女神。

恶德女神对他说："孩子，跟我走吧！包你有享不完的荣华富贵！你要什么，我一定满足你什么！"

美德女神对他说："孩子，跟我走吧！我将教会你如何勇往直前！而你也必将在战胜艰险的过程中变得坚强无比！"

赫拉克勒斯想了想，毅然跟定了美德女神。这以后，他果然出生入死，在战胜无数毒蛇猛兽的过程中变得刚强无比，为人类屡建奇功，成了希腊神话中首屈一指的最了不起的英雄！而且，正是因为这个，他才娶了青春女神——成了青春女神的丈夫！

真佩服古希腊人的深刻和深刻的古希腊人，原来，"要什么就有什么"非但不是什么幸福，而且恰恰是一种恶！反之，只有自觉地挑战磨难，才是人生最理智的选择！才能真正体现出青春的壮丽！

要什么有什么的安乐生活可以让人获得感官上的舒适，却不会让你在能力才华、品德等生命力方面有任何收获。

74

『钻石』就在自身上

自立自强是前进力量的源泉

历史和现实告诉我们，没有一个习惯于等候帮助，等着别人拉扯一把，等着别人的钱财，或是等着运气降临的人能够真正成就大事。

只有抛弃每一根拐杖，破釜沉舟，依靠自己，才能赢得最后的胜利。自立与自强是打开成功之门的钥匙，也是汲取前进力量的源泉。

不要因为你不是个天生的领导者，就认为自己是个天生的依赖者。没有杰出的领导天赋并不成其为理由，因为你完全可以慢慢培养。如果我们不对自己的能力进行考验，我们永远不会知道自己到底有多大的潜力。很多看似没有领导天赋的人最终证明了自己是伟大的领导者——他们一开始很少显示出自立的能力。

现实生活中的许多人几乎都依赖于某些东西或某个人。有些人靠钱，有些人靠朋友，有些人靠衣装，有些人靠门第，有些人靠社会地位。但是，我们更能见到那些能完全靠自己的双脚堂堂正正地立身于社会的人——他们靠自己的美德而生活，完全自立，果敢有为。

其实大学教育并不能提高人的实践能力，它只是给人提供了一些工具。只有通过实践，你才能学会熟练地驾驭它们。是"艰难困苦"这所学校磨炼了人的意志，使之不再依赖，变得自立、自强，也使人拥有了成功的资本。

亨利·比奇讲了下面这个他小时候学习自立的故事：

我被叫到黑板前，心里惴惴不安，抱怨个没完。"这一课必须得学。"我的老师说，声音很平静却相当有力。他从来不认可一切解释和借口。他会说："我不想听到你没能回答问题的任何理由。"

"我学习了两个小时。"

"那对我没有任何意义。我要的是你背下这一课。你可以不必去学；或者你可以学上十个小时，随你的便。"这对一个小孩子来讲太难了，但我从中获得了益处。不到一个月的时间，我获得了巨大的勇气和独立思考的能力，我不再害怕背课文了。

一天，他那冷漠平静的声音在大庭广众之下落在了我头上：

"不对！"

我犹豫了一下，于是从头开始背，当我又背到相同的地方时，又是一声斩钉截铁的"不对！"阻断了我的背书进程。

"下一个！"

我坐了下来，觉得莫名其妙。

那个同学也被"不对！"声打断了，但他继续往下背，直到背完为止。当他坐下时，得到的评语是"非常好"。

"为什么？"我埋怨道，"我背得和他一样，你却说'不对！'"

"你为什么不说'对'并且坚持往下背呢？除非你胸有成竹，否则你什么都没学到。如果全世界都说'不'，你要做的就是说'是'，并证明给人看。"

一个老师能提供给学生的最好教益就是训练他依靠自己、信赖自己的能力。如果一个人年轻时学不会自立，他就会成为一个弱者，一个失败者。比奇的老师无疑为我们树立了榜样。人们经常持有的一个最大谬见，就是以为他们永远会从别人不断地帮助中获益。

力量是每一个志存高远者的目标，而模仿和依靠他人只会导致懦弱。力量是自发的，不能依赖他人。坐在健身房里让别人替我们练习，我们是无法增强自己的肌肉力量的。没有什么比依靠他人的习惯更能破坏独立自主能力的了。如果你依靠他人，你将永远坚强不起来，也不会有独创力。

 抛弃依赖，不放弃就不会失败

没有失败，只有放弃，不放弃就不会失败。我们获胜不是靠辉煌的方式，而是靠不断努力。

1948 年，牛津大学举办了一个"成功秘诀"讲座，邀请到了当时声誉已登峰造极的伟人丘吉尔来演讲。三个月前媒体就开始炒作，各界人士引颈等待，翘首以盼。

这天终于到来了，会场上人山人海，水泄不通。全世界各大新闻机构都到齐了。人们准备洗耳恭听这位大政治家、外交家、文学家（丘吉尔曾获诺贝尔文学奖）的成功秘诀。

丘吉尔用手势止住大家雷动的掌声后，说：

"我成功秘诀有三个：第一是，决不放弃；第二是，决不、决不放弃；第三是，决不、决不、决不能放弃！我的讲演结束了。"

说完就走下讲台。

会场上沉寂了一分钟后，才爆发出热烈的掌声，经久不息。

青年时人要有敢拼、敢闯，不惧怕困难的精神：要用自己的勇气征服生活。

30 年前，一个年轻人离开故乡，开始创造自己的前途。少小离家，云山苍苍，心里难免有几分惶恐。他动身后的第一站，是去拜访本族的旅长，请求指点。

老族长正在临帖练字，他听说本族有位后辈开始踏上人生的旅途，就随手写了 3 个字"不要怕"，然后抬起头来，望着前来求教的年轻人说："孩子，人生的秘诀只有 6 个字，今天先告诉你 3 个，供你半生受用。"

30 年后，这个从前的年轻人已过了中年，他有一些成就，也添了很多伤心事。归程漫漫，近乡情怯，他又去拜访那位旅长。

他到了族长家里，才知道老人家几年前已经去世。家人取出一个密封的封套来对他说："这是老先生生前留给你的，他说有一天你会再来。"还乡的游子这才想起来，30 年前他在这里听到人生的一半秘密。拆开封套，里面赫然又是 3 个大字："不要悔"。

自己失去太多，后悔许多事不尽如人意，应相信前面还有机会！

 年少时更应该学会自立自强

如果你想知道什么是责任。实践、磨炼是最好不过的生动教材！1920 年，有个 11 岁的美国男孩踢足球时，不小心打碎了邻居家的玻璃。邻居向他索赔 12.5 美元。在当时，12.5 美元是笔不小的数目，足足可以买 125 只生蛋的母鸡！闯了大祸的男孩向父亲承认了错误，父亲让他对自己的过失负责。男孩为难地说："我哪有那么多钱赔人家？"父亲拿出 12.5 美元说："这钱可以借给你，但一年后要还我。"从此，男孩开始了艰苦的打工生活。经过半年的努力，终于挣够了 12.5 美元这一"天文数字"，还给了父亲。

这男孩就是日后成为美国总统的罗纳德·里根。他在回忆这件事时说，通过自己的劳动来承担过失，使我懂得了什么叫责任。

自己的责任需要自己来承担，我们不仅有逃避的双脚，我们还有承担责任的双肩。

潜能激励专家曾经说过这样一句话："在开发潜能时，没有人会带你去钓鱼。"

魏特利有幸在年少时，便学会了自立自强。他父亲在二次大战时身在国外，当他九岁时，在圣地亚哥附近，有一个陆军制炮兵团，驻扎的士兵和他成了好友，以消磨无聊的闲暇时间。他们会送魏特利一些军中纪念品，像陆军伪装钢盔、背带及军用水壶，魏特利则以糖果、杂志，或邀请他们来家中吃便饭，作为回赠。

魏特利永难忘怀那一天，他回忆道：

"那天我的一位士兵朋友说：'星期天上午五点，我带你到船上钓鱼。'我雀跃不已，高兴地回答：'哇哈！我好想去。我甚至从未靠近过一艘船，我总是在桥上。防波堤上，或岩石上垂钓。眼看着一艘艘船开往海中，真令人羡慕！我总是梦想，有一天我能在船上钓鱼。噢，太感谢你了！我要告诉我妈妈，下星期六请你过来吃晚饭。'"

"周六晚上我兴奋地和衣上床，为了确保不会迟到，还穿着网球鞋。我在床上无法入眠，幻想着海中的石斑鱼和梭鱼，在天花板上游来游去。清晨三点，我爬出卧房窗口，备好渔具箱，另外还带备用的鱼钩及鱼线，将钓竿上的轴上好油。带了两份花生酱和果酱三明治。四点整，我就准备出发了。钓竿、渔具箱、午餐及满腔热情，一切就绪——坐在我家门外的路边，摸黑等待着我的士兵朋友出现。"

"但他失约了。"

"那可能就是我一生中，学会要自立自强的关键时刻。"

"我没有因此对人的真诚产生怀疑或自怜自艾，也没有爬回床上生闷气或懊恼不已，向母亲、兄弟姊妹及朋友诉苦，说那家伙没来，失约了。相反的，我跑到附近汽车戏院空地上的售货摊，花光我帮人除草所赚的钱，买了那艘上星期在那儿看过、补缀过的单人橡胶救生艇。近午时分，我才将橡皮艇吹满气，我把它顶在头上，里头放着钓鱼的用具，活像个原始狩猎队。我摇着桨，滑入水中，假装我将启动一艘豪华大油轮，航向海洋。我钓到一些鱼，享受了我的三明治，用军用水壶喝了些果汁，这是我一生中最美妙的日子之一。那真是生命中的一大高潮。"

魏特利经常回忆那天的光景，沉思所学到经验，即使是在9岁那样稚嫩的年纪，他也学到了宝贵的一课："首先学到的是，只要鱼儿上钩，世上便没有任何值得烦心的事了。而那天下午，鱼儿的确上钩了！其次，士兵朋友教给我了，光有好的意图并不够。士兵朋友要带我去，也想着要带我去，但他并未赴约。"

然而对魏特利而言，那天去钓鱼，却是他最大的希望，他立即着手设定计划，使愿望成真。魏特利极有可能被失望的情绪所击溃，也极可能只是回家自我安慰："你想去钓鱼。但那阿兵哥没来，这就算了吧！"相反的，他心中有个声音告诉他：仅有欲望不足以得胜，我要立刻行动，要自立自强，自己开发属于自己的那一片沃土——潜能。

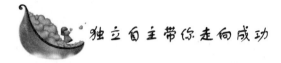

独立自主带你走向成功

只有抛弃身边的每一根拐杖，破釜沉舟，依靠自己，才能赢得最后的胜利。自立是打开成大事之门的钥匙，自立也是力量的源泉。

依靠拐杖走路，尤其是依靠别人的拐杖走路，是很多人的一种病。对于成功人士而言，他们的习惯选择应是：扔掉拐杖，迈动双脚！

人们经常持有一个最大的谬见，就是以为他们永远会从别人不断地帮助中获益。

力量是每一个志存高远者追求的目标，而依靠他人只会导致懦弱。坐在健身房里让别人替我们练习，我们是无法增强自己肌肉的力量的。没有什么比依赖他人更能破坏独立自主能力的了。如果你依靠他人，你将永远坚强不起来，也不会有独创力。所以说，要想成大事，你就应首先抛开身边的"拐杖"独立自主。如果做不到这一点，那么你最好埋葬你的雄心壮志，一辈子老老实实做个普通人。

年轻人需要的是原动力，而不是依靠。他们天生就是学习者、模仿者、效法者，如果给他们太多的帮助，他们就很容易变成仿制品。当你不提供拐杖时，他们就会无法独立行走。只要你同意，他们会一直依靠你。

爱默生说："坐在舒适软垫上的人容易睡去。"

依靠他人，觉得总是会有人为我们做任何事，所以不必努力，这种想法对发挥自助自立和艰苦奋斗精神是致命的障碍！

一个身强体壮、背阔腰圆，重达近150斤的年轻人竟然两手插在口袋里等着帮助，这无疑是世上最令人恶心的一幕。

你有没有想过，你认识的人中有多少人只是在等待？其中很多人不知道等的是什么，但他们在等某些东西。他们隐约觉得，会有什么东西降临，会有些好运气，或是会有什么机会发生，或是会有某个人帮他们，这样他们就可以在没受过教育，没有充分的准备和资金的情况下为自己获得一个开端；或是继续前进。

有些人在等着从父亲、富有的叔叔或是某个远亲那里弄到钱。有些人是在等那个被称为"运气"、"发迹"的神秘东西来帮他们一把。

我们从没听说过某个习惯等候帮助，等着别人拉扯一把，等着别人的钱财，或是等着运气降临的人能够真正成就大事。

只有抛弃身边的每一根拐杖，破釜沉舟，依靠自己，才能赢得最后的胜利。自立是打开成大事之门的钥匙，自立也是力量的源泉。

一家大公司的老板曾说，他准备让自己的儿子先到另一家企业里工作，让他在那里锻炼锻炼，吃吃苦头。他不想让儿子一开始就和自己在一起，因为他担心儿子会总是依赖他，指望他的帮助。

在父亲的溺爱和庇护下，想什么时候来就什么时候来，想什么时候走就什么时候走的孩子很少会有出息。只有自立精神能给人以力量与自信，只有依靠自己才能培养做事能力和自我实现的成就感。

把孩子放在可以依靠父母或是可以指望帮助的地方是非常危险的做法。在一个可以触到底的浅水处是无法学会游泳的。而在一个很深的水域里，孩子会学得更快更好。当他无后路可退时，他就会安全地抵达对岸。依赖、好逸恶劳是人的天性。而只有"迫不得已"的形势才能激发出人们身上最大的潜力。

待在家里，总是得到父母帮助的孩子，一般都没有太大的出息，就是这个道理。而当他们不得不依靠自己，不得不自己亲自动手去做。或是在蒙受了失败之辱时，他们通常就能在很短的时间内发挥出惊人的能力来。

一旦你不再需要别人的援助，自强自立起来，你就踏上了成功之路。一旦你抛弃所有外来的帮助，你就会发挥出过去从未意识到的力量。

世上没有比自尊更有价值的东西了。如果你试图不断从别人那里获得帮助，你就难以保有自尊。如果你决定依靠自己，独立自主，你就会变得日益坚强。

一旦你不再需要别人的援助，能够自强自立起来，你就踏上了成功之路。

81

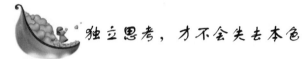**独立思考，才不会失去本色**

天下事只怕你不认真，拿不定主意，没有自己的思想，看别人的言行而做。如果你一旦认真起来，不怕别人的褒贬，按照自己的思想去做，事情成功之后，别人的议论自然会平息。有这样一个故事：

父子俩赶着一头驴到集市上去。路上有人批评他们太傻，放着驴不骑，却赶着走。父亲觉得有理，就让儿子骑驴，自己步行。没走多远，有人又批评那儿子不孝："怎么自己骑驴，却让老父亲走路呢？"父亲听了，赶快让儿子下来，自己骑到驴上。走不多远，又有人批评说："瞧这当父亲的，也不知心疼自己的儿子，只顾自己舒服。"父亲想，这可怎么是好？干脆，两个人都骑到了驴背上。刚走几步，又有人为驴打抱不平了："天下还有这样狠心的人，看驴都快被压死了！"父子俩脸上挂不住了，得，索性把驴绑上，抬着驴走……

故事中父子俩的行为很可笑，但笑过后想想，我们自己是不是也经常这样做：做事或处理问题没有自己的思想，或自己虽有考虑，但常屈从于他人的看法而改变自己的想法，人云亦云，随波逐流，一味讨好和迎合别人，而失去了自己的原则呢？

一位青年企业家在一次讨论会上说：如果做事怕别人提出反对意见，就放弃了自己的想法，那你就失去了你自己。做人做事，要有明确的立场、要独立。他进一步说，每个人的想法都不会完全一致，我们不能要求每个人的看法都与自己相同。因此我们做人做事要看我们想达到的目标效果，而不要过于顾虑一些人的议论。时间可以证明一切，当你成功了，那些议论自然也止息了。只要是正确的，也就是我应当作的，论不得成败。做人就应该有自己的品格。

事实上，历史中的任何一则事例都可以告诫青年人遇事都要问一个为什么，都要经过自己头脑的思考，绝对不可盲从，绝对不可做盲从的奴隶。社会生活是复杂的，许多东西并不是看着自己周围有多数人在做，在说，就是正确的。"别人都在为自己谋利益，我也不能犯傻。"诸如此类的想法，或者是糊涂，或者是一种利己的"精明"——这些精明者并不是简单地放弃自己的"定见"或缺乏主见，而常常是为自己的堕落寻找借口和挡箭牌。我们说的，就是要有自己做人的原则，就是要独立自主。有了这个独立思考的根本，天下事再风云变幻，人际关系再错综复杂，我们也能"认得真"，都不会失去独立思考的能力，不会人云亦云或随波逐流甚至同流合污，不会被商业社会的种种时髦潮流所迷惑，不会失去自己的本色。

我们要成就一项事业或工作，常常会听到许多反对意见。这些意见或来自朋友与亲近的人，他们从自己的角度考虑，或纯粹是为我们担心，可能不赞成我们的做法。也可能来自那些对我们心怀恶意的人，他们诬蔑、攻击、诽谤，把我们所要做的事说得漆黑一团。面对这种情况，如果我们过多地顾虑别人的看法和议论，不敢坚持自己的想法，我们就可能半途而废，甚至事情还没做就夭折了。因此，我们要想有所成就，就必须如一句格言所说："走自己的路，让别人去说吧！"

当然，这并不是说独立思考就不去认真听取别人有益的意见。如果别人的意见有可取之处，哪怕是来自"敌人"的意见，我们也应该吸取。但这和丧失自己的主见、屈从于他人不正确的议论是两回事。

做人要独立，独立的人都是有自己的主见的人。有主见的人才不会人云亦云、随波逐流，才不会在关键时间屈从于他人。

曾任北京大学文学院院长的冯友兰先生，在一篇文章中写道："违千夫之诺诺，作一士之谔谔。"诺诺就是讨好迎合，毫无原则；谔谔就是直言敢谏，坚持原则。

我们愿意成为哪一类人呢？当然应该是正直的人，诚实的人，为伟大事业而奋斗的人。那就不要因别人的非议而改变自己做人的原则，不要做那"诺诺"的盲从者，不要因为担心个人的利益，比如安全、财产、面子、职位等，而像墙头草一样两边倒，而是应该有自己的做人原则。

一个真正懂得用人的人，并不希望他的下属个个如机器人一般只会向他点头称诺，而是希望他们有自己的思想，希望他们自己有相当的独立。

冯友兰先生曾给他的学生们讲过一个关于军人的故事：

有一名将军，他对元帅的命令从未提出个质疑，即使元帅的命令并不符合实际。有一天，元帅就把这位将军叫到他的营帐，告诉那位将军说："你已经被罢免了，可以还乡种田去了。"

"为什么呢？你的命令我都服从了。"

"但是我不需要一个只会传达命令而没有思想见解的将军。"元帅回答他。

由此可见，虽然服从一个有才干的领袖是一件很适意的事，但恐怕久而久之你便渐渐懒得独立思考了。千万要避免这种太驯服的危险。

不可养成依赖别人的习惯。虽然有些人比你懂得更多，只要你打开耳朵听，便可以从别人的经验中得到好处。从他们的经验里学习，斟酌他们的意见，但是你要明白，不要觉得依赖别人很舒服便去服从，不可摒弃你独立思想的权利。要努力成为一个思想独立之人。

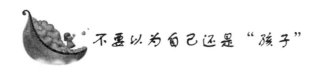

你有没有独立自主的习惯，从你的生活方式中就可以看出，你要学着独立地生活；自主地去做些事情，一个成大事者是不会在生活中依赖他人的。

当你作为一个生命呱呱坠地时起，就可能已经习惯了父母的呵护与抚养：饥饿、寒冷、病痛、挫折……似乎都有人在为你遮挡。而现在，你长大了，步入了社会，走向了你自己的生活，你是否想过：你能生存吗？你能适应社会吗？你能活得很好吗？从这一刻开始，你的精神支柱就是你自己，只有你才能对你自己负责！

『钻石』就在自身上

一位朋友谈起他在美国的一段经历：

为了16岁的儿子能够成才，狠下心来，送他到一所离家很远却十分有名的学校去念书。那个稚气未脱的小伙子每天都需要转三站公共汽车，换两次地铁，穿越纽约最豪华和最肮脏的两个街区，历时三个多小时。而纽约的地铁又是世界上最乱最不安全的地方之一。每天都有抢劫、强奸、甚至杀人的事件发生。为什么这位朋友让自己的儿子放着附近的高中不读，而冒那么大的风险，整天奔波于那危险的上学之路中呢？

一方面固然因为儿子考上了世界的名校，另一方面更是由于我的朋友独立生存的观念使然。在美国，16岁的孩子应该是具有独立人格和精神的。我的那位朋友，始终认为：在人生的旅途上，每个人都要经过这一关，都要穿越这样的危险地带，否则就难以在这错综复杂、险象环生的环境中生存下去。他告诉儿子说：人生的道路是更危险的，因为人生只有去，没有回，走的是只能走一次的路线，而每一步跨出去都是自己不曾熟悉的道路，若一步稍有不慎，你的整个人生都将遭到打击或挫折。所以他在给儿子的信中着重写道："年轻人，你渐渐会发现，当你个人独行的时候，会变得格外聪明，当你离开父母的时候，你才会知道父亲是对的。"年轻人应该养成独立生活的习惯，并且用这种习惯去面对世界，面对生活中的一切。

也许，你会遇到一些问题：觉得社会太黑暗，抱怨别人太势利，感受了人世间的冷暖之后，你变得孤独，寂寞，总有许许多多无可名状的情绪要发泄。这时，你应该想一想：这是为什么？其实，你只是在潜意识里认为自己只不过是一个"孩子"——外表成熟而内心却仍然依附着过去扶持着你的力量。也就是说，你还没有独立，不能独自承担这许多事情。所以你活得不顺心、不积极，没有做好自己该做的事，没有找准自己的位置。

我们活在这个世上，不能没有独立。而这一切，又都只能靠你自己，因为你自身就是你自己的生存环境之一。你才是你自己的主人。鲁迅先生的故事不知被多少人传诵：

鲁迅小时候，由于家道的败落和父亲的病情，使还是孩子的鲁迅过早地承担起了家庭的重担，他不仅要学习，还要每天往返于药店与当铺之间，去为生活而奔波。可即便如此，他还是不忘自强不息地奋斗。一次，由于上学迟到，老师对他加以批评，鲁迅从此在自己的书桌上刻上了一个"早"字，这不仅仅是对自己的提醒，更是一个人人生观的体现：自立、自强。

在我们生活的环境中，社会的进步使人与人之间的关系出现了异化，每个人都充满了智慧，又都有一副适应自己人生经验的"如意算盘"。

然而，谁也无法在课堂上、书本中和家庭里教会我们如何自如地处理各种复杂的社会关系、人际关系和利害关系，如何克服自身的惰性和弱点，以一个成熟者的目光来审视世界上的一切。只有独立地去面对、去体验，才会获得这些知识。正如一位先哲所说，若想让小鸟学会飞，就让它飞吧。

一位学者建议，我们在工作和生活中能够坚持自己的信仰，拒斥邪恶，保持自我真性情，玉洁冰清，不沾世俗气的独立，更值得我们学习。他曾鼓励过我们，做人要独立，只有如此，才能思想自由，不断探索，才能使从事学术工作者解放思想，善于怀疑，富有创造性，且能埋头钻研，上下求索，以追求真理为己任，才能促进学术的发展与进步，才能在将来成就一番事业。

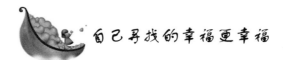

自己寻找的幸福更幸福

头上总顶着一块乌云，你怎么可能看见太阳？别说道士的预言了，就是基因图谱，也仅能说明你的物质细胞的状况，而无法说明你的精神和心理。

初逢一女子，憔悴如故纸。她无穷尽地向我抱怨着生活的不公，刚开始我还有点不以为然，但很快就沉浸在她洪水般的哀伤之中了。你不得不承认，有些人就是特别的倒霉，女人尤多。灾难好似一群鲨鱼，闻到人伤口的血腥之后，就成群结队而来，肆意啄食他的血肉，直到将那人的灵魂吃成一架白骨。

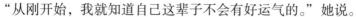
"从刚开始，我就知道自己这辈子不会有好运气的。"她说。

"你如何得知的呢？"我问。

"我小时候，一个道士说过——这个小姑娘面相不好，一辈子没好运的。我牢牢地记住了这句话。当我找对象的时候，一个很出色的小伙子爱上了我。我想，我会有这么好的运气吗？没有的。就匆匆忙忙地嫁了一个酒鬼，他长得很丑，我以为，一个长相丑陋的人，应该多一些爱心，该对我好。但霉运从此开始。"

我说："你为什么不相信自己会有好运气呢？"她固执地说："那个道士说过的……"

我说："或许，不是厄运在追逐着你，是你在制造着它。当幸福向你伸出双手的时候，你把自己的手掌藏在背后了，你不敢和幸福击掌。但是，厄运向你一眨眼，你就迫不及待地迎了上去。看来，不是道士预言了你，而是你的不自信引发了灾难。"

她看着自己的手，迟疑地说："我曾经有过幸福的机会吗？"我无言。有些人残酷地拒绝了幸福，还愤愤不平地抱怨着，认为祥云从未卷过他的天空。

幸福很矜持，遭逢的时候，它不会夸张地和我们提前打招呼，离开的时候，也不会为自己说明和申辩。幸福是个哑巴。

你是否有胆量嘲弄自己呢？你能否从某个逆境中发觉某种幽默呢？

巴顿是第二次世界大战中美军的著名将领。1942 年 11 月，他指挥盟军两栖特遣部队在北非强行登陆。由于美军刚刚参战，部队新兵多，加上德军在北非的神奇传闻，使部队士气十分低落，几乎达到了草木皆兵的程度。巴顿看到这种情况，便决定利用幽默的力量来振奋士气。

他搞了一次阅兵式。与以前不同的是，他头上戴的是刚刚从德军缴获的双鹰白钢盔。他还声称，要戴着这顶钢盔打进柏林。士兵们在阅兵式上看见了自己的指挥官头戴缴来的德军钢盔，顿时士气大振，纷纷请战。

幸福是一种力量，运用"喜剧式的方式"，就能超越眼前的处境。

幸福与不幸，都是自找的，不是别人给你决定的。

不依附强者去改变命运

盲目只是无知的表现，也是一种不负责任的行为，对待他人切莫如此！

从前，有一只老鼠生下了一个漂亮的女儿，老鼠总想把女儿嫁给一个有权势的人物。它看到太阳很非凡，就巴结太阳说："太阳啊！你多么伟大，能干，万物没有你，简直就无法生存，你娶我的漂亮女儿做妻子吧！"太阳客气地回答："我不行，因为乌云能遮住我，把你的女儿嫁给乌云吧。"老鼠又去找乌云，老鼠对它说："你娶了我的女儿吧，你有这样神通广大的本领，我真敬慕你。"乌云说："不行，我没什么本领，我比不上风，风一吹，我就被吹跑了。"老鼠一听，原来风比乌云更有本领，就找到风，对它说："风啊！我可找到你了，听说你很有本领，有权威，我愿将我美丽的女儿嫁给你。风一听这无头尾的话，紧锁双眉说："谁稀罕你的女儿，你去找墙吧。他比我行！"老鼠一听，又决定去找墙。墙偷偷地说："我倒是怕你们这些老鼠，你们一打洞，我可就危险了。我不配做你的女婿。"老鼠一想：墙怕老鼠，老鼠又怕谁呢？它忽然想起了祖宗的占训，老鼠生来是怕猫的。它就赶紧去找猫，点头哈腰地说："猫大哥，我总算找到你了，你聪明、能干、有本事，有权威，做我的女婿吧！"猫一听，倒是爽快地答应了："太好了，就把你女儿嫁给我吧！最好今晚就成亲。"母老鼠一听，猫大哥真不愧有魄力、有作为的男子汉，心想总算给女儿找到了如意郎君，于是喜滋滋地跑回家去，大声对女儿说道："终于给你找到好靠山了，猫大哥最显赫。最有权势。可享一辈子福呢！"当晚就把女儿打扮起来，请来了一群老鼠仪仗队，打着灯笼、凉伞、旗号，敲着锣鼓，一路上吹吹打打，把女儿用花轿送到了新郎的住地，猫一看，老鼠新娘来了，等轿刚进门，还未等新娘下轿，就扑了上去，一口将可爱的新娘吞进肚里去了。

人人都应自强，不要巴结、依附一些所谓的强者，否则，只会自取灭亡。

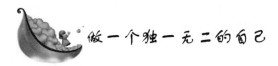

做一个独一无二的自己

使自己成功的条件，不仅是头脑聪明而已，亦须具有不在乎别人的那种定力，但这种定力并非人人都能做到。

有人以为坚持独立自主，似乎很难得到别人的赞许，很难处好人际关系。这是一种错觉和误解，事实恰好相反。一个真正能够主宰自己的人只是不去为了迎合他人的观点与喜好而放弃自我价值、自我追求；只是在与人交往中不会为了博得他人的赞许而跟随他人的指挥棒转。如果一个人别人希望他怎么样，他就会怎么样，这是多么可怜、毫无价值的形象；如果一个人不能明确地阐明自己在生活中的思想和感觉，那就没什么人会与你坦诚相见，没什么人会真正地尊重你。因为失去了自我，也就失去了平等自由的人际关系和生活方式。某些官僚、政客之所以不为人们所信任，就因为他们只是留声机、传声筒，而没有自己的灵魂。这种人往往是轴承脑袋弹簧腰、头上插着风向标，只会见风使舵，趋炎附势。这种人的自我价值完全取决于头上的乌纱帽，一旦失去职位，手中无权了，他就一无所有，一文不值了。这难道不是事实吗？实际上，最受赞许，最受欢迎的人恰恰是那些希望赞许而不是祈求赞许的人，是那些能以积极的心理态度表现美好的自我形象的人，是那些从不放弃独立自主权利的人。

不在乎别人反应与厚脸皮是有所不同的，两者的差异在于，不在意别人反应的人大都具有远见，明白自己的做法会产生何种成果，因此能不顾别人的反对意见；同样的，在生意方面，尤其是在谈判时，为了要获得胜利，我觉得亦必须不在乎别人的反应，如果具有正确的远见，依照信念去做，便自然会有别人摇撼不动的定力，而成功也会仿佛被吸引住似地来临。

命运之神有时会试探人们是否具有泰山崩于前仍不改其色那种气魄的人，这种人往往会受到命运之神的特别眷顾。

世俗和传统使人养成一种说话办事总是需要得到别人的认可和赞许的习惯。童年时代习惯于得到父母和老师的赞许，长大成人需要得到领导者的认可。如果自己的某个举动和主张得不到别的认可和赞许，就会感觉到是出了问题，放心不下。于是你在无形之中就放弃了主宰自己、独立行事的权力，凡事都受别人的控制和摆布。这种习惯大体表现以下方面：

一、你在这里对别人的需求大都随声附和，有时心里不满，也要依从别的人的意志去办。

二、你有自己的事情和计划，但难以拒绝朋友的邀请和要求，以免别人对你不满意。

三、你说是回避同陌生人交谈，不想独自参加社交活动，也不愿独自出差办事。

四、你说是看领导的眼色行事，明知不对，也要忍气吞声地服从。好像领导的时钟总是准的，而你的时钟总是不准，只能和领导对表，不相信自己的手表。如果因此而窝火憋气也只能拿比你地位低的人出气。

五、不好意思和权威人士、著名人物交往，如果这类人物对你责怪批评不公正，你也不敢说出自己的看法。

总之，一个人习惯于接受别人的摆布，就会经常被迫去说话，去做事。这样的生活当然很累，也很乏味。

自己的路自己走

"学我者生，似我者死"这句话不仅用在艺术上，在创业上也是如此，走别人走过的路是不容易成功的。你可以向别人学习，但你必须走自己的路。你需要有个性，这样你才能开创自己独特的事业。

"创业投资"、"风险投资"，这是 1998～1999 年在中国大地尤其

『钻石』就在自身上

是在北京最为火爆的字眼儿。在中国大地上到处弥漫着这样一些信息："创业的春天已经到来了！"

首先是得海外兴起的一批留学海外学子纷纷回国创业，给中国商场带来一道亮丽的风景。"搜狐"这个名字几年前还无人知晓，现在却是成千上万人关注的目标。

搜狐总裁张朝阳博士在美国麻省理工学院获得了物理学博士学位，放弃了搞科学研究拿诺贝尔奖的初衷，毅然回国，在短短两年之内，将"搜狐"办成了广为人知的著名网站。紧跟着张朝阳的是一批批学成归来的博士、硕士，他们除了有聪慧的大脑、令人羡慕的学习经历外，可以说得上一无所有，没有资金，没有企业经营管理的经验。但他们有着敏锐的眼光，有着火一般创业的热情，有着勇往直前，不惧失败的执著，也有着从头开始、从小处做起的耐心与决心。他们从海外学来了一套比较成熟的运作机制，并使它在中国这片肥沃的土地上生根发芽。

在面临中国特殊国情带来的特殊问题时，他们用一种新的思维方式、新的做事方式，给众多的商界人士带来了全新的启迪。

没有个性，就没有创造性。没有个性的创业者，就很难创造出有前景的事业。因而创业者首先要审视自己一番，看看自己究竟有没有特别的个性。

个性其实并不神秘。个性是指人的个体的性质。人的个性对于创业而言非常重要，因为个性包括了人的智力、性格、情绪、意志等一些重要特征。人的个性是智商、情商、毅力的综合体。在日常生活中，有的人个性鲜明，有的人缺乏个性；有的人有胆识有魄力，有的人缩手缩脚，没有做事的胆量，这实际上是人的个性的不同表现。纵观创业史上创造奇迹伟业之人，无一不具有鲜明的个性。其中最为重要的有独立性、竞争性、求异性和坚韧性等四个方面。下面我们就独立性和竞争性做一简要的介绍：

从本质上而言，人一出生下来就都具有独立性和依赖性的双重个性。重要的是创业者能否认识到这一点，即便自己有一定的依附性，但自己也有着强大的独立性。创业成功的人是那些善于摆脱依赖性，努力实现自己独立性的人。

现在的一批年轻人，是90年代初出生成长的。相对而言，他们的独立性比上一代要强。但是，大部分的人对独立性还存在错误的思想。他们认为独立性就是标新立异，于是将大量时间与精力放在自己的外表上，理一个不同平常的发型，或者将头发染成一个鲜艳夺目的色彩或者穿一身与众不同的衣服……这实际上是被媒体所误导，恰恰是失去了自己的个性，盲目地追风追星。真正有决心创业的人，要认识到什么是真正的独立性，承认专家权威的存在，但不盲目听从、信从他们的建议，要用自己的头脑去独立地思考。每个人的言行源自特定的环境、场合，因而对自己不一定是包治百病的灵丹。创业者要思考一下其中的真伪或者是否真正适合自己。凡是不适合自己的言语，不论是谁说的，也不管其理论上是否行得通，在创业者这里就是没有用的。创业者要有自己的头脑。

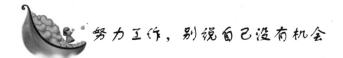

努力工作，别说自己没有机会

多年前，李楠因为是中专毕业，又没有什么一技之长，长时间找不到工作。最后终于在一家超市找到了一份工作，然而每月薪水很少，扣除房租费、伙食费后，基本上没有多少剩余。

但是，李楠十分珍惜这份来之不易的工作，平时搬运货物时十分卖力，他一个人就可以顶两个人。隔壁家具店经理是老板的朋友，他们人手紧时，李楠也会主动帮助他们，尽管这并非他的职责。

一开始，老板无视他的努力，认为是理所当然的，丝毫没有给他加薪的意思。后来，李楠因家中有事辞职离开了超市，老板又雇佣了一个人。相比之下，他这才意识到李楠是一个多么得力的助手。他的朋友责怪他如此糊涂，放走了一个踏实肯干的好职员。

后来，老板想尽办法找到了李楠，重新聘请他回超市上班，并且将他的薪水一下子涨了3倍。李楠依然一如既往地努力工作，对事业充满了热情，尤其在选购家具材料上积累了许多经验。随着业务的扩大，店面规模不断扩充，老板新开了一家分店。一向受到老板赏识的李楠自然而然成了分店的经理。

努力地去工作吧！这样你会学到更多本领，获得更多的机会，成为更重要的角色。当上司、老板明白到你的重要性所在时，加薪、升职也就是自然而然的事情了。

 ## 找到自己的位置，发挥自己的能量

只有找到自己的位置，你才能发挥自己的能量，才能活出自己的精彩。

世界上的每个人都是独一无二的，都是珍贵的个体。有时你没有成功，是因为你没有找准自己的位置。

不要埋怨自己无能或者社会不公。想一想为什么别人就可以成功，可以快乐地生活而你不能，那是因为他们活在自己的位置上，他们通过努力找到了自己的位置。

只有找到自己的位置，你才能发挥自己的能量，才能活出自己的精彩。

某天，一位年轻人对老师说："老师，我觉得自己什么事也干不好。没有人看重我，我该怎么办呢？"

老师说："孩子，我很同情你的遭遇，但不能帮你，因为我必须先处理好自己的问题。"老师停顿了一会儿，然后说："如果你愿意帮我，我就可以很快处理好问题，然后也许就能帮你了。"

"好吧。"年轻人犹豫了一会儿，但还是答应了。

于是老师坐下来，从手指上脱下一枚戒指交给年轻人说："你到集市上把这枚戒指卖了，因为我需要钱还债。换回的钱越多越好，无论如何不能少于1个金币。"

年轻人到了集市，但是，听年轻人说戒指的最低价不能少于1个金币后，集市上的人有的哈哈大笑，有的说年轻人头脑发昏，只有一位慈祥的老太太告诉年轻人他要价太高了。年轻人穿过集市，到处兜售戒指，但没人肯出1个金币。年轻人只好灰心丧气地回到

老师身边。

年轻人说："老师，对不起，我没能达到你的要求。也许我可以卖到 2 个或 3 个银币，但我觉得那不应该是这枚戒指的真正价值。"

"年轻的朋友，你说得太对了。"老师笑着说，"你再去一趟珠宝店，没人比珠宝商更清楚它的价值了。你跟珠宝商说我要把戒指卖掉，问他能出多少钱，但不要真卖戒指，问完价格后你把戒指带回来。"

珠宝商仔细看了看戒指后说："告诉你的老师，如果他想卖戒指，我最多可以给他 58 个金币。"

"56 个金币！"年轻人惊呼。"对。"珠宝商说，"如果不着急的话，我可以出 70 个金币，可是如果你着急脱手……"

年轻人兴奋地跑回去，将发生的一切告诉老师。"坐下，"老师说，"你就像这枚戒指，珍贵、独一无二，只有专家才能真正判定你的价值。你怎能期望生活中随便一个人就能发现你真正的价值呢？"老师说着将戒指套回手指上，"我们所有人都像这枚戒指，珍贵、独一无二，不过，我们进入生活的市场后却希望毫无经验的人肯定我们的价值。"

生活的多彩也给了每个人众多的人生选择，也许你一时不被人看重，或在茫茫人海中显得很平凡，但任何时候都不能消沉失望。因为每个人都是独一无二的，每个人都有自己本身的价值，当你选对了地方，你也会成为无价之宝。当然，这种位置不会是一直在等待着你，它需要你自己去发现，努力学习进步，让自己变得更强更好。

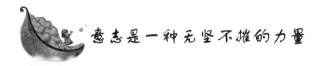

意志是一种无坚不摧的力量

当你坚信自己时，意志就是一种无坚不摧的力量。

当一个人把生命的意义寄托在外物上，把胜败的希望交给别人的时候，他自己的意志就丧失了，仿佛生命只悬在一根发丝之上。

『钻石』就在自身上

一旦发现自己的处境和未来如此惨淡，他就会畏惧，就会胆怯，直至最后崩溃。

从前，一位父亲和他的儿子同时出征打仗。很快，骁勇善战的父亲屡立战功，做了将军，可是做儿子的一直默默无闻，没有什么突出的表现。

又一场战争开始了，嘹亮的号角吹响了，隆隆的战鼓如雷鸣般响彻在营地。父亲把儿子叫到面前，庄严地托起一个极其精美的厚牛皮箭囊，箭囊镶着铜边儿，幽幽地泛着光。箭囊里面插着一支箭，从那露出的箭尾不难看出此箭是用上等的孔雀羽毛制作的。想必那箭杆、箭头一定更加出色。

父亲拍拍儿子的肩膀，郑重地说："这支宝箭是祖上一代一代传下来的，我一直带在身边，所以能力量无穷，勇往直前。不过你千万不能抽出来，这是祖上的遗训。"

看着这个精美的箭囊，想想宝箭的神奇力量，儿子兴奋不已，在他眼前似乎出现了壮烈的画面——嗖嗖的箭声在耳旁掠过，敌方的主帅应声倒下，自己则所向披靡，众士兵羡慕不已，最后把自己推举为将军。

几天后。随身携带宝箭的儿子上了战场，果然英勇非凡，表现出色，为这次战争的胜利立下了不可磨灭的功劳。

很快，儿子就得到了提拔。当士兵们的羡慕声和首领的夸奖消散后，儿子再也禁不住得胜的豪气，忘情地欣赏给他带来好运的宝箭，最后，他把父亲的叮嘱抛到了九霄云外，呼的一声拔出宝箭，试图看个究竟。骤然间他惊呆了，原来箭囊里装着的是一支折断的箭。

"我一直带着这支断箭打仗呢。"儿子吓出了一身冷汗，"要是真的在紧要关头，我怎么办？我岂不是只有死路一条？"想到这里，儿子仿佛顷刻间失去了支柱的房子，轰然坍塌下来。

在接下来的一场战争里，儿子虽然还带着"宝箭"，但是他最后战死于乱军之中。

父亲找到了儿子的尸体，拣起那柄断箭，看到了"宝箭"有拔出的痕迹，他沉重地叹息道："你不相信自己的意志，而把希望全都

寄托在外物上，是永远也做不成什么事的。"

儿子之所以失败，是因为他把胜败的希望寄托在外物——"宝箭"上。

若生命是箭。其力量应该握在你自己手上；若要箭坚韧，若要箭锋利，若要箭准确，你需要的是磨炼它，同时还要磨炼自己，需要磨炼的不仅是技术，还有意志。当你坚信自己时，意志就是一种无坚不摧的力量。

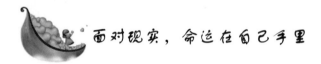

面对现实，命运在自己手里

在这个世界上，欢声笑语。友情、亲情让我们处处感受到人世间的美好。但失败和挫折是每个人都必须面对的现实。那么什么才是正确面对现实的态度呢？

也许，有些人在遭遇挫折和失败后，这样一些不良的想法便产生了：这不是我能做到的，我再努力也于事无补。一旦这些想法成了你的信条，那么外在的行为和效果便会真如所愿。

再遇到挫折，心情便会被乌云笼罩着，难以再有继续前进的力量，甚至终其一生，都可能"黯淡无光"，无论做什么都畏畏缩缩的了。

如果你现在就处于这种黑暗的状况。那就应该鼓起信念：阳光总在风雨后。只有当心底的黑暗被光明照亮时，外在的环境才会慢慢发生改变。否则，错误的心理行为如果不能得以纠正，那么一些顽固的信念也就得不到改变，例如"环境不好啊"、"条件不好啊"等等，那么外在环境也就难以真正得到改变。所以有这样的信念就很重要："就算环境不好，我也要努力。"这样，就渐渐有了改变人生的动力，人生就向着仁义之路走去，不致误入歧途、一错再错而不可救药。

佛陀说，一般的人，遇到痛苦的感受，就好像中了第一支箭，中箭以后，他心里就执著于这一支箭，越来越迷惑，越来越恐怖，就好像中了一支箭之后又中了第二支箭，感觉越来越痛苦。但是受过佛理教化的人，如果遇到痛苦的事情，他会平静地观察痛苦，去消除它，他中了第一支箭之后，不会再中第二支箭。甚至可以拔掉第一支箭。

一个生活平庸的人带着对命运的疑问去拜访禅师，他问禅师："您说真的有命运吗？"

"有的。"禅师回答。"是不是我命中注定要穷困一生呢？"他问。

禅师就让他伸出他的左手指给他看说："你看清楚了吗？这条横线叫做爱情线，这条斜线叫做事业线，另外一条竖线就是生命线。"

然后禅师又让他用自己做一个动作，他把手慢慢地握起来，握得紧紧的。禅师问："你说这几根线在哪里？"那人迷惑地说："在我的手里啊！"

那人终于恍然大悟。

命运是在你的手里，而不是在别人的嘴里。

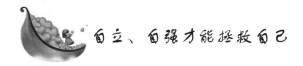

自立、自强才能拯救自己

小蜗牛问妈妈：为什么我们从生下来，就要背负这个又硬又重的壳呢？

妈妈：因为我们的身体没有骨骼的支撑，只能爬，又爬不快。所以需要这个壳的保护！

小蜗牛：毛虫姐姐没有骨头，也爬不快，为什么她却不用背这个又硬又重的壳呢？

姆妈：因为毛虫姐姐能变成蝴蝶，天空会保护她啊。

小蜗牛：可是蚯蚓弟弟也没骨头爬不快，也不会变成蝴蝶，他为什么不背这个又硬又重的壳呢？

妈妈：因为蚯蚓弟弟会钻土，大地会保护他啊。

小蜗牛哭了起来；我们好可怜，天空不保护，大地也不保护。

蜗牛妈妈安慰他：所以我们有壳啊！

我们不靠天，也不靠地，我们靠自己！

有谁一生能逃避掉逆境与厄运的纠缠呢？哪个也不能。几乎所有的人都有过走入低谷时的失望甚至绝望。在这些人生的黑暗关头，人们总是本能地希望外界的帮助与拯救，心中想到许多人。渴望周围的人都能向自己伸出温暖之手。作为社会中人这是再自然不过的事情。也是每个人都曾体验过的心境。我甚至认为这正是人生美好的一个明证。亲人和朋友的帮助要比菩萨，真主，上帝……都要来得实际和牢靠！

但人们在需要帮助的时候，总是习惯地忘记一个最能帮助自己的人，一个最有力量帮助自己的人，那就是：自己。

这道理一点也不玄妙。就好比一个人踽踽跋涉于戈壁瀚海深处，没了方向，没了给养，没了除自己以外的一切。这时候，一万个幻想也敌不过自己意志中一丝的坚强。能拯救自己的只有自己的毅力和双腿。

生活不是戈壁滩，但需要行走于戈壁滩中那样的信念和意志。

世界上只有自己才能拯救自己。外部的帮助是一种幸运，借给你钱、帮你渡过难关的人并不一定是你最好的朋友；不断地鞭策你，促你自立、自助的那些人才是你真正的朋友。

有这样一则中国古代寓言：

有个人在屋檐下躲雨，看见一个撑伞而过的和尚。

这人说："大师，普度一下众生吧，带我一段如何？"

大师答："我在雨里，你在檐下，而檐下无雨，你不需要我度。"

这人立刻跳出檐下，站在雨中："现在我也在雨中了，该度我了吧？"

大师说："我也在雨中，你也在雨中，我不被淋，因为有伞；你被雨淋，因为无伞。所以不是我自己度自己，而是伞度我。你要被度，不必找我，请自找伞！"说完便转身而去。

完全依靠自己、没有任何外部援助的处境最能激发一个人的自立精神。只有感到所有外部的帮助都已被切断之后，人们便会以最坚韧不拔的毅力去奋斗、去自救，来渡过难关，避免失败甚至死亡。危急关头。你必须当机立断、采取措施以渡过难关、脱离险境。当有了这个勇气后，你就会觉得自己成了一个巨人，不知从哪儿来的力量为自己解了围也完成了危机出现之前根本无力做成的事情。自己才是自己最好的救星，自立、自强才能拯救自己。

 只要力所能及，一定全力以赴

那些脚踏实地的人，需要他做什么，只要是力所能及，他一定会全力以赴，做到最好，不管什么分内分外；那些投机取巧的人就尽量推脱责任，分内事也说成是分外事。

一位成功学家因事务繁忙，就聘用了一个年轻女孩替他拆阅、分类信件。有一天，这位成功家口述了一句格言，要她用打字机记录下来："请记住，唯一限制你的就是你自己脑海中所设立的那个限制，突破它，你就会获得成功。"

这个女孩将打印好的格言递交给成功学家，并且感慨地说："你的格言令我深受启发，相信会使我受益终生。"

女孩的感叹并未引起成功学家的注意，但那句格言却深深地印在了女孩的心中。从那开始，她每天晚饭后都回到办公室继续工作，干一些并非自己分内的工作，如替老板给读者回信——当然，这是没有报酬的。

为了替老板回好每封来信，她认真研究了成功学家的语言风格，这些回信的质量在一天天地提高，逐渐达到了成功学家的程度，有时甚至更好。她一直就这么坚持着，并不在意老板是否知道自己所付出的努力，终于有一天，成功学家的秘书因故辞职，在挑选合适人选时，老板自然想到了这个女孩。

在没有得到这个职位之前，已经具备了这个职位所要求的能力，超越分内事正是这个女孩获得提升最重要的原因。

能够做好自己的本职工作是成功的第一块基石。而在做好本职工作的同时做点分外事更能得到认可。在做"分外事"的同时，可以学到不少东西。再说，只要不断努力，人一定会发现你的价值。

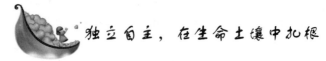

独立自主，在生命土壤中扎根

人只有在人格上独立自主，只有在自己生命的土壤中扎根，才会有属于自己的一片绿荫，才会成为一道独特的风景，才能完成自我生存的价值。依附是一种自我埋没，在人生的过程中，它是一场毁灭行动。

有一只住在山上的鸟与住在山下的鸟，在山脚下相遇。山上的鸟说："我的窝刚搭好，参观参观吧。"山下的鸟跟着去了，一看：什么鸟窝？不就是光秃秃的石缝里放着几根干草吗？

"看我的去。"山下的鸟带着山上的鸟来到一家富人的花园。

"看，那就是我的窝。"山上的鸟仰头望去，果然看到一只精致的木制鸟窝悬挂在紫荆树梢，那窝左右有窗，门面南而开，里面铺着厚厚的棉絮。

山下的鸟自豪地说："像我们这种鸟。有漂亮的羽毛，叫声又不赖。找个靠山是非常容易的。假如你愿意，以后我给你说说，搬这儿来住。"

山上的鸟没有回答，展翅飞走了，再没有回来。

几个月后的一天，山上的鸟正在石缝的窝里睡觉，听到门口有叫声，伸头一看，是山下的鸟正狼狈地站在那儿。它身上的羽毛已不周全，哭丧着脸对山上的鸟说："富翁死了。他的儿子继承了花园，把我的窝给拆了。"

人生在世，没有比依附别人更令人气短的了。你诚然不能完全脱离社会和他人而生活，但你不能一味地攀援在社会或他人身上。山下的鸟依附于富翁家的花园和花园中的紫荆树，依附于富翁的垂爱，然而它敌不上石缝中的几根干草。

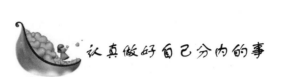

认真做好自己分内的事

每个人都应该找到适合自己的位置，认真做好自己分内的事，不可半途而废，也不可一心二用。全力以赴，才可能取得满意的效果。

有一个农夫，又有房子又有田地，境况十分富裕。有一次，他花钱雇了一条狗——给他防止流浪的乞丐们闯进院子，给他烘烤面包，给他天天灌溉和收拾菜园。

那狗谋得了职业，尽力想把工作干好。

这时候，农夫去赶集，他走了一趟。待他回到家里一看，菜园没有收拾，面包也没有烘烤。而叫他更加恼火的是：小偷爬进了院子，把仓房偷了个精光。

农夫哇啦哇啦地痛骂那狗儿。对于每一桩过失，那狗儿可都有一番辩解：为了收拾白菜的苗床，它把烤面包的事放下了；收拾菜园吧，唉，弄得不妙，因为已经到了看守院子的时候了；至于错过小偷的那一刻，正好赶上它想去烤面包。

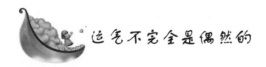

运气不完全是偶然的

两只鹰饥肠辘辘。他们在空中久久地盘旋着，想找到一只兔子或一只山鸡。但是。他们什么也没有找到，连一只老鼠的影子都没有。

一只山鹰忍耐不住了，落到山岩上，缩着脖子打瞌睡。另一只山鹰则继续盘旋着，一圈又一圈，终于，他发现了隐藏在草丛中的一只肥肥的兔子。

当他叼着战利品落到伙伴身边时，伙伴羡慕地说："你的运气真好!"捉到兔子的山鹰若有所思地说:"也许是吧,不过我发现,运气好像比较喜欢不辞辛劳、有耐心的人。"

捉到兔子的山鹰不辞辛劳、有耐心,才发现隐藏的兔子。可见,运气其实不完全是偶然的。如果你还在苦苦地等待运气的光顾,不能切实行动起来,运气是不会到来的。

「钻石」就在自身上

第五章　自强——永无止境的道德追求

　　人生就像一条河，时有漩涡，时而平缓，时而湍急。你在河流当中，可以选择较安全的方式，沿着岸边慢慢移动；也可以停止不动，或是在漩涡中不停地打转。如果你有勇气接受挑战，你也可以游向危险的河中央，突破重重险阻难关，直奔理想的彼岸。

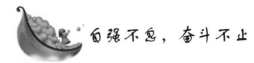

自强不息，奋斗不止

人生就像一条河，时有漩涡，时而平缓，时而湍急。你在河流当中，可以选择较安全的方式，沿着岸边慢慢移动；也可以停止不动，或是在漩涡中不停地打转。如果你有勇气接受挑战，你也可以游向危险的河中央，突破重重险阻难关，直奔理想的彼岸。

该游过去还是该停下来呢？

人的一生总会面对无数类似的抉择。胆怯和害怕变化的人可留在自己熟知的环境中，而勇敢并积极前进的人，则会将困难当作磨炼而接受，向河中央游去，投身于未知的世界。就这样在不知不觉中，两者间拉开了距离，前者只能眼巴巴地看着别人成功。

摩洛·路易斯的非凡成就来自两次成功的拼搏，一次在他20岁时，另一次在他32岁时。

摩洛在19岁时随家人一起搬到纽约。在此之前，他的生活已是多彩多姿，比一般同龄人丰富许多。由于家人皆爱好音乐、喜剧，所以在这种环境的熏陶之下，几乎所有乐器摩洛都能演奏。他是一般人眼里的天才儿童——不到10岁，他便指挥过交响乐团；到了14岁，他独立组织了一个舞蹈团；高中毕业之后，他又投身新闻界担任一名记者，与许多新闻界的老前辈一起工作；19岁时，他曾获音乐奖学金。

在纽约，他在广告公司找到一份一周14美元的差事。对当时的情景，摩洛这样回忆："那时候我经常跑外勤，工作非常忙碌，成天像发疯似的，时间也过得特别快。六点下班以后，我还到哥伦比亚大学上夜校，主修广告。有时候，由于工作尚未做完，所以下课后，我还会从学校赶回办公室继续未完成的工作，从十一点一直工作到第二天凌晨两点。"

摩洛非常喜欢需要创意的设计工作，也做得有声有色。20岁时，摩洛放弃在广告公司内颇有发展的工作以及旁人梦寐以求的职位，决心自己创业。这便是他人生中的第一次拼搏。他不再依赖收入稳定、前程似锦的工作，完全投身于未知的世界，从事创意和开发。结果，成绩令人满意。

他的创意主要是说服各大百货公司，通过 CBS 电视公司成为纽约交响乐节目的共同赞助人。摩洛本人认为此法十分可行：一方面，当时的百货公司业绩都不好，希望能借助广告媒体提高自身知名度与销售成绩；另一方面，在纽约，交响乐节目的听众多达一百万人，十分值得投资。于是，摩洛便忙于其间，帮两边牵线。

当时，这种性质的工作对人们来说相当陌生，所以做起来困难重重；而且，同时说服许多家独立的百货公司，这种事过去从未有人完成过，更别说要他们拿出几百万美元的经费来。所以，一般人预测他不可能成功。

尽管如此，摩洛仍然十分卖力地在各地进行说服工作。他的创意大受欢迎，与许多家百货公司签订合约；另外，他向 CBS 电视公司提出的策划方案也被顺利接受。此后的几个星期，他干劲十足地与电视台经理一同展开一连串的系列广告活动。更值得注意的是，这段期间内他没有任何收入。

眼看着计划就要步入最后的成功阶段，但由于合约内某些细节未能达成而终告流产，他的梦想也随之破灭。但"塞翁失马，焉知非福"，此事结束之后，CBS 电视公司马上聘请他为纽约办事处新设销售业务部门的负责人，并支付给他三倍于以往的薪水。于是，摩洛又再度活跃，他的潜力得以继续发挥。

在 CBS 电视公司服务几年之后，摩洛再度回到广告界工作，但这次不是从基层做起，而是直跃龙门——他担任了承包华纳影片公司业务的汤普生智囊公司的副总经理。

那个时代，电视尚未普及，与今日相比，仍处于摇篮期。但摩洛和爱德皆看好它的远景，认为电视必将快速发展，大有可为，故俩人便专心致力于这种传播媒体的推广。由他们公司所提供的多样化的综艺节目，为 CBS 电视公司带来空前的成功。

这便是摩洛人生中的第二次拼搏。为了它，他再次放弃原来可以平步青云的机会，走人另一个未知的世界。但这次冒险并不是孤注一掷，他是看准后才压上自己的"赌注"。最初两年，他仅是纯义务性地在"街上干杯"的节目中帮忙，没想到竟使该节目大受欢迎，直至今日仍是最受欢迎的综艺节目之一。

从 1948 年开始到今天五十余年的时间，它的播映从未间断，这是在竞争激烈的电视界内非常难能可贵的现象。除了节目成功之外，他被 CBS 电视公司任命为所有戏剧、综艺节目的制作主任。

就这样，摩洛的两次冒险、两次游向激流中央，最后皆获得了成功，接下来不知他又将游向怎样的激流当中。

希望人们能以摩洛为榜样，积极把握自己的人生，不再依赖，自强不息，奋斗不止，这样终有一天，你会拥抱胜利的奖杯。

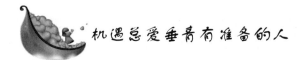

机遇总爱垂青有准备的人

这一天，偏僻的小山村突然开进了一辆汽车，这可是件新鲜事，全村人都围了过来。从车上走下几个人：其中一个穿黑皮夹克的中年男子问大家："你们想不想演电影？谁想演请站出来！"一连问了好几遍，村民们都不敢吱声，好多人只顾和身边的人自言自语。

这时，一个十六七岁的女孩子站了出来："我想演。"她长得并不漂亮，单眼皮儿，脸蛋红扑扑的，透出一股山里孩子特有的倔强和淳朴，"你会唱歌吗？"中年男子问。

"会。"女孩子大方地回答。"那你现在就唱一个！""行！"女孩开口就唱，一边唱还一边扭："我们的祖国是花园，花园里花朵真鲜艳……"村人大笑。因为她的歌唱得实在不怎么好听，不但跑了调，而且唱到一半时还忘了词：没想到，中年男子却用手一指："好，就是你了！"

这个勇敢地向前迈了一步的女孩子叫魏敏芝。她幸运地被大导演张艺谋选中，在电影《一个都不能少》出任女主角，名字很快传遍了大江南北。

对于机遇，对于成功，人们总有各种各样的说法。然而，不能否认的是，有些时候，机遇在一些人面前确实是平等的。只是当机遇突然出现在面前时，有人却迟疑了，犹豫了，结果与之擦肩而过；而有的人却能主动上前，大胆追求，于是便赢得了机遇的倾心，你可以说这是偶然，但你又怎能说这不是必然呢？千万别轻视那小小的一步，就是它，可能会改变你的一生。

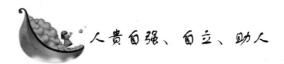

人贵自强、自立、助人

孟子曰："祸福无不自己求之者。诗云：'永言配命，自求多福。'太甲曰：'天作孽，犹可违；自作孽，不可活。'此之谓也。"意思是说，只要照着仁义之道去做，就一定能够自求多福，就算遇到灾难，上天也一定会帮助他化解掉，否则，不遵行仁义之道，那么灾难便是他自己招来的，上天面对这种灾难，也爱莫能助啊。可见，人贵自强自立，此外，能帮助人就多帮助人。

县民政局下乡扶贫，随行采访的记者是李刚。有一天，他们去了全县最贫困的一个村，村长领他们去看村中的一户人家。村长告诉他们，这户人家的老太太已经70多岁了，大儿子牺牲在自卫反击战当中，小儿子患痴呆症，和一个比他更痴呆的女人结了婚，生下同样痴呆的一对儿女。一家子的生活全落在老太太一人身上。

到了这户人家门口，大家都感到很惊奇。家里共有3个窑洞。一个用于居住，一个用于做饭，一个用于养猪羊，院子里清扫得很干净，地面连落叶都没有。村长说这位老太太就爱干净，一辈子就是这样过来的。她的儿孙都在场。虽然衣服穿得破旧，但是洗得十分干净，老太太性格十分刚强，以前坚拒政府救济。她说："一家吃穿就得靠自己挣，靠政府养着算怎么回事呢？"

局长关切地问："老妈妈，都要过年了，过年的东西备齐了吗？"老太太爽朗地回答："好了，早准备好了！"局长又问："都准备了些什么啊？"老太太回答："现在还有两碗白面，半斤肉，3个鸡蛋不准备卖了，都留着过年吃。再给两个小孙一人一盒鞭炮，都准备好了。不劳政府操心了。大年三十我就包肉饺子喽！"

听完后，在场的人都流出了泪水。

局长又说，我们代表政府送来一点钱粮，虽然不多但也代表政府一点心意。老太太一听直摇头："不用不用，我还过得下去。我家也有钱。真的有钱，用不着救济。"局长坚持让她把钱拿出来给大家看看。她走到大板柜前，打开柜子拿出一个包袱，从包袱里拿出一个钱袋来。钱袋一层层包得很严实，到了最后一层，老太太解开钱袋，哗啦一声，一小堆硬币撒得到处都是，里面还有几张一角、两角的毛票，加起来还不到十元钱，老太太爽朗地说："你们看，我是真有钱，用不着政府救济啦。"

这时，一位女同事哭出了声，捂着脸跑了出去。

大家都想掏钱给老太太，老太太却说："我经常告诉儿孙，不靠天不靠地，自己的事自己干，能助人时要助人……"

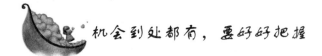

机会到处都有，要好好把握

你总是感叹自己，遇不到好机会吗？其实，在日常的工作中，机会到处都有，只是有的人没有好好把握而已。我们应该准备好一切，等待机会的来临，否则就只有与机会失之交臂了。

有一次，某公司业务部要准备跟客户提案，总经理请相关员工作准备，事前先在公司演练一次，并做了简报。由于这次是内部"非正式"的简报，因此每个人都散散的，没有很认真地准备资料；只有小王，把这次的简报，当作向客户提案般重要，仔细、谨慎地准备每一份文件内容。当然，这种种表现，总经理暗中观察，也都看在眼里。提案结束后，总经理擢升小王为副经理，而这个案子也由小王负责，后来他顺利地完成了工作任务。

请记住古代罗马诗人欧维迪司的名言："机会到处都有，即使是你认为不可能的地方。"机会，不会从天而降；机会，也无须等待；机会更不用找寻或摸索；机会，是必须自己全力去创造的。我们要尽最大的努力，就像捕鱼一样，将网撒下去。抱着持之以恒的耐心、信心，总有一天会成功地满载而归。

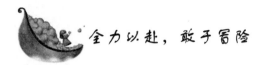

全力以赴，敢于冒险

当人们在冷天游泳时，大约有 3 种适应冷水的方法。有些人先蹲在池边。将水撩到身上，使自己能适应之后，再进入池子游；有些人则可能先站在浅水处，再试着步步向深水走，或逐渐蹲身进入水中；更有一种人，做完热身运动，便由池边一跃而下。

据说最安全的方法，是置身池外，先行试探；其次则是置身池内，渐次深入；至于第三种方法，则可能造成抽筋甚至引发心脏病。

但是相反的，对冷水刺激感觉最强烈的也是第一种，因为置身较暖的池边，每撩一次水，就造成一次沁骨的寒冷，倒是一跃入池的人，由于马上要应付眼前游水的问题，反倒能忘记了周身的寒冷。

与游泳一样，当人们要进入陌生而困苦的环境时，有些人先小心地探测，以做万全的准备，但许多人就因为知道困难重重，而再三延迟行程，甚至取消原来的计划；又有些人，先一脚踏入那个环境，但仍留许多后路，看着情况不妙，就抽身而返；当然更有些人，心存破釜沉舟之想，打定主意，便全身投入，由于急着应付眼前重重的险阻，反倒能忘记许多痛苦。

在生活中，我们该怎么做呢？如果是年轻力壮的人，不妨做"一跃而下"的人。虽然可能有些危险，但是你会发现，当别人还犹豫在池边，或半身站在池里喊冷时，那敢于一跃入池的人，早已自由自在地来来往往，把这周遭的冷，忘得一干二净了。

在陌生的环境里，由于这种敢于一跃而下的人较别人果断，比别人快，较别人敢于冒险，因此，能把握更多的机会，所以往往是成功者。

第五章　自强——永无止境的道德追求

 ## 困难面前，只需一抬腿的勇气

一个周日，帕梅拉和几个朋友去郊外爬山。那天他们玩得很尽兴。不知不觉太阳都快落山了，他们还在山顶。如果原路返回还需要 2~3 个小时的时间。这时候有人提议说知道另外一条捷径，不到 1 个小时就可以下山，但是要跨过一条小沟。望着越来越低的太阳，他们一直同意走近路。

那小沟大概有几米深，沟里是潺潺的溪水，在四月的黄昏里发出响亮而空洞的声音，那种声音让人想到不慎失足掉下去的惨烈……前进还是后退？他们在沟前犹豫了很久。天，一点一点暗了下来。

这时候，一个女孩站了出来。一个年轻的女孩。她拿了一根树枝在沟之间比划了一下。然后放在地上，说："沟就是那么宽的距离，大家跳跳试试看。"大家很轻易就在平地上跳过了那个和沟宽差不多的距离。但是面对溪水哗哗的小沟，有人还是犹豫。女孩第一个跳过去了。大家相互鼓励着，一个个也都跳过去了，包括胆小的帕梅拉。

那个傍晚，他们很快就下了山。而且，在新的道路上，他们还发现了一大片粉红嫩白的桃花。在这样一个落英时节，那绚烂的色彩不能不算一道令人惊喜的风景。而下山没多久，雨下起来了，又大又急。大家都笑着说："那小沟并没有我们想象中的可怕吧！可怕的只是我们心中的想象。我们一抬腿，不就过来了吗？而世事难料，安全也不是绝对的。如果我们当时选择熟悉的那条路回来，说不定都成了落汤鸡了。"

生活中难免要遇到各种各样的沟沟坎坎。每次面临进退的选择，当你感到有恐惧和疑虑时，就如同面临一条拦路的小河沟，其实你抬腿就可以跳过去，就那么简单。在许多困难面前，人需要的，只是那一抬腿的勇气。

想方设法战胜恐惧心理

《尚书》里有这样一句话："心之忧危，若蹈虎尾，涉于春冰。"意思是："对待各种事情，心中总怀着畏惧之感，就像踩着老虎尾巴一样畏惧，像走在春天即将融化的冰而上一样战战兢兢。"这正是恐惧心态的真实写照。

恐惧的心态还直接影响着人的身心健康。恐惧能引起身体各种器官及生理状况发生一系列变化，如表现出苦笑、战栗、惊叫等反常姿态或动作软弱无力。以及脸色苍白、心律改变、血压上升、消化活动受抑等，甚至血液的黏度和血中化学成分也会发生变化。这些都会给人的身心健康带来严重的影响。恐惧首先会给心血管系统造成不良影响。心脏和血管是对情绪反应最敏感的器官，它们总是首先卷入情绪的兴奋。人们都有这样的体验：惊慌时会感到自己的心脏怦怦跳动，愤怒、焦虑时，则心率加快、血压上升等，总之，使交感神经系统处于兴奋状态。这种情绪状态如果持续下去，加上其他生理变化，就可能造成心血管机能的紊乱，出现心律不齐、高血压和冠心病等，严重时还会导致脑血栓或心肌梗塞。由于受到刺激，在恐惧之下引起心脏病突发，而造成突然死亡的事例，屡见不鲜。

消化系统是对情绪反应的另一类敏感的器官。在恐惧情绪作用下，胃肠蠕动明显减慢，胃液分泌明显减少，胃肠机能受到严重扰乱，使人不思饮食。愁苦时，山珍海味吃不下，如果长期持续下去，还会造成胃炎、胃溃疡、溃疡性结肠炎之类的胃肠疾病。恐惧还会影响神经系统的功能，重者引起精神错乱。行为失常。所谓反应性精神病大多是这样引起的，轻者也可造成神经系统活动的严重失调，并导致各种神经官能症。

据说，在古代的人们让被怀疑的人咀嚼一把大米，再把米面吐出。如果米面是干的，那么嚼米的人就有罪。在古代英国，如果受审的人不能吞下用面包和乳酪做成的"测谎仪"，他就是有罪的。这两个例子都利用了由于恐惧心理而产生的一种生理反应：喉部的肌肉收缩，导致存东西困难，并抑制唾液分泌，因而使口腔和舌头极端干燥。在撒谎时，由于心理紧张，人就会产生这样一些生理变化。

恐惧心态同时还会减短人的寿命。

恐惧的心态会破坏人体的生理平衡，减弱人体的生理机能，改变身体中体液的化学成分，这无形中就对身体造成极其不利的影响。一个经常恐惧的人会感到很疲惫，会出现冷漠、感觉迟钝、肌肉紧张，以及头痛、背痛、脖子痛和肩膀痛，还有人一遇恐惧，就会胸口痛，发生湿疹，并干扰身体的免疫系统，使人患上感冒和腮腺炎。长此以往，人就衰老得很快，最终减损寿命。

不知道你是否被恐惧这种心理杀手所困扰，如果是的话，劝你暂时转移你的注意力，或者是想方设法去战胜这种恐惧心理。如果这种消极情绪长期不得解脱的话，你的身心必然深受其害。

我们究竟应该如何来调整恐惧的心态呢？在此，告诉大家几种技巧。

消除恐惧心态最有效、最简单的方法，是学会运用松弛训练，掌握各种松弛技巧。

在恐惧时，欣赏一曲优美的轻音乐，或自己唱一段流行歌曲。卡耐基说："微笑、昂首阔步、做深呼吸、嘴里哼着歌儿，假如你不会唱歌，用鼻子哼哼也可以，如此一来，你想再惹烦恼也不可能了。"当然也可以去看一场电影，进茶馆去和朋友一起聊聊天，也可以去大自然中散散步，进行一下体育活动，青年人还可以去跳跳迪斯科。这些活动可以使你肌肉松弛，精神上得以放松，恐惧就会从你头脑中溜走。

无论你的工作多么繁重，一旦心头弥漫着恐惧情绪。觉得精神散漫，思绪不连贯或被什么卡住，脑筋转不过弯时。就应该停下来休息片刻，伸展一下身体，改变一下环境。出去跑跑，活动活动筋骨，或者静坐沉思一阵，随便什么都行，只要你觉得有趣，使精神大振就可以了。

告诉自己，没有什么不可能

无论争取成功还是摆脱逆境，只有一个办法，就是告诉自己没有什么不可能，未知的也并不可怕，只要走下去，就是成功。

俗话说："初生牛犊不怕虎。"与其相对立的则是："江湖越老，胆子越小。"

所以，自古英雄出少年；所以，老成持重，不求有功，但求无过。

初生牛犊为什么会屡屡成功，而且有时看上去是那么容易？因为他们根本没把困难看在眼里，将所有的精力都用在干事儿上了。

"哪有时间想那么多？干吧！"这是很多年轻人的口头禅。

反观成年人，则是："要慎重，千万不可轻举妄动！"

当你在运筹帷幄的沉思中被他人庆功的锣鼓声惊醒后，才知道一切都晚了。

一位心理学家做过一项心态对人的影响的试验。

他把几个学生带到一间黑暗的房子里。在他的引导下，几个学生很快就走过了屋里的一座桥，穿过了这间伸手不见五指的神秘房间。

接着，心理学家打开房间里的一盏灯，在这昏黄如烛的灯光下，学生们才看清楚房间内的情景，个个吓得出了一身冷汗，目瞪口呆。

原来，这间房子的地面是一个很深很大的水池，池子里蠕动着各种毒蛇，包括一条大蟒蛇和三条眼镜蛇，这几条毒蛇正高高地昂着头，朝他们"滋滋"地吐着芯子。

心理学家看着他们，问："现在，你们还愿意再次走过这座桥吗？"大家你看看我，我看看你，都不做声。

过了片刻，终于有 3 个学生犹犹豫豫地站了出来，战战兢兢地走了过去。

"啪"，心理学家又打开了房内另外几盏灯，学生们揉揉眼睛再仔细看，才发现在小木桥的下方装着一道安全网。

心理学家大声问："你们当中还有谁愿意现在就通过这座小桥？"

学生们没有作声。"你们为什么不愿意呢？"心理学家问道。

"这张安全网的质量可靠吗？"一个学生心有余悸地反问。

心理学家笑了："我可以解答你们的疑问了，这座桥本来不难走，可是桥下的毒蛇对你们造成了心理威慑，于是你们失去了平静的心态，乱了方寸，慌了手脚，表现出各种程度的胆怯。"

在这个试验的过程中，有个奇妙的变化：那就是在没有灯光的情况下，所有的学生都轻松走了过去；而在昏暗的灯光下，只有几个学生战战兢兢地走了过去。

然而，当心理学家打开了所有的灯，学生们看清了安全网之后，反而更加担心起来。他们问："这张网可靠吗？"

很多时候这就是我们面对生命中的困难的真实反应，尽管这反应看上去是如此可笑。如果你陷入困境仍在犹犹豫豫，那只能越陷越深。勇敢者头脑中的道理很简单：无论争取成功还是摆脱逆境，只有一个办法，那就是告诉自己没有什么不可能，未知的也并不可怕，只要走下去，就是成功。

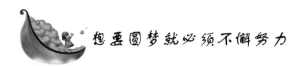

想要圆梦就必须不懈努力

很多时候，一个人之所以无法取得成功，不是因为他的做事方法有问题，而是他的心念有问题。

最初，每个人的心中都会有许多梦想，但最终能圆梦的人不是很多。

不能圆梦的原因也许有很多，但能圆梦的原因或许只有一个，那就是为梦想不懈努力，不达目的决不罢休。

上世纪 70 年代出生的孩子，或许大都不会忘了动画片中唐老鸭那经典搞笑的声音。

唐老鸭的配音者是李扬。很多人都认为他是一个专业的配音演员。可是事实上，李扬最初只是一名部队里的工程兵，工作是挖土、打坑道、运灰浆、建房屋。这似乎和他的配音工作差了十万八千里。

然而李扬知道，自己一直擅长并喜欢配音工作。所以虽然他现在从事的不是这一行业，可他从来没有放弃过自己的梦想，他知道，总有一天自己的长处会被发掘出来。

于是，他在空闲时间里认真读书看报，阅读中外名著，并且自己尝试着搞些创作。退伍后，李扬成了一名工人，但他仍然没有放弃自己的理想，用他自己的话说，他始终认为这值得自己去投入。

后来，国家恢复了高考制度，李扬考上了北京大学机械系，这给他发挥自己的长项创造了良好的机会。因为他的不懈努力，因为他的天赋，加上一些朋友的介绍，李扬终于找到机会参加了一些外国影片的译制录音工作。他的声音生动，而且富有想象力，在几年的时间里他潜心钻研，终于成就了自己独特的配音风格。此时的李扬已是箭在弦上，只需有人开弓，就可以射向目标。

机会来了，风靡世界的动画片《米老鼠与唐老鸭》在中国招募汉语配音演员，虽然是业余配音演员，可李扬凭着自己独特的配音风格一举被迪斯尼公司相中，为唐老鸭配音。从此他成了家喻户晓的配音演员。问及李扬成功的秘诀时，他回答说："我之所以能够成功，就是因为我从来没有停止过挖掘自己的长处。"

李扬之所以取得了成功，是因为他认为自己的潜力终有一天会被发现，所以他才会一直朝着这个方向努力，并且认为为之付出多大代价都是值得的。

很多时候，一个人之所以无法做出成绩，不是因为他的工作方法有问题，而是他的心态有问题，即他认为做这项工作不是自己的长项，或者是对这项工作没有兴趣。一个人从事自己不擅长或不喜欢的工作。是不会拿出全部的热情和精力来做的。存在着这样的心态，又怎么能有突出的成绩呢？

每个人都有自己的长处，这个长处就像是你的一块宝藏，开启宝藏的钥匙就在你自己的手里，如果你轻易放弃，那么你的宝藏将永远掩埋。

没有人愿意守着自己的宝藏不开掘，而是把它带进坟墓。所以，行动起来吧，发现自己的长处，这很重要，尽管你可能因为现实的一些原因而不得不在现有的位置工作。但是，只要你发现了它，并为之不懈努力，最终的成功就一定会属于你。

不怕困难和失败，就不会失败

一个从来就没有害怕过困难和失败的人，又怎么能不取得成功呢？

一个成年人曾经这样问过一个孩子："如果你驾驶着一架飞机，在大西洋的上空飞行，可忽然你发现自己忘记了加油，所有的引擎都已经熄火了，你会怎么办呢？"

孩子想了一下，说道："我会先告诉坐在飞机上的人绑好安全带，然后我挂上我的降落伞跳出去。"

当时所有在场的人都笑得东倒西歪，成年人发现孩子的脸上竟然有着委屈的表情，于是他接着问道："那你为什么要这么做？"

孩子的脸上有了晶莹的泪水，他说："我要去拿燃料，我还要回来！"是的，就是这一句——"我还要回来"久久地回荡在人们的耳边，它留给人们记忆深刻的不是孩子缺乏基本的知识，而是有勇于从头再来的勇气。

有个年轻人去微软公司应聘，可是该公司并没有刊登过招聘广告。面对总经理的疑惑不解，年轻人解释说自己是碰巧路过这里，就贸然进来了。总经理感觉很新鲜，破例让他一试。面试的结果出人意料，年轻人表现得非常糟糕。他对总经理的解释是因为事先没有准备。所以才会如此糟糕。总经理并未在意他的解释，认为那只不过是一个托词，就随口应道："等你准备好了再来试吧"后来，这个年轻人先后五次踏进微软公司的大门，最终被公司录用，成为公司的重点培养对象。你是否也有过面试失败的经历，你是否也曾像这个年轻人一样不害怕自己的失误，敢于从头再来呢？

这种勇气足以成就一个人的一生，成功者正是源于他们的不怕犯错误和从头再来的勇气，才造就了他们精彩的人生。

成功，正是无数次失败的总和

俗话说："失败是成功之母。"是的，人生不害怕失败，怕的是一蹶不振。成功，正是无数次失败的总和！

有一位身价两亿的老板，有着极富传奇色彩的人生，每个人都会为他的这种人生经历所感动。

他只上过两年初中，因为家里没钱继续供他上学。于是他辍学回家，帮父亲耕种三亩薄田。在他还不到 20 岁的时候，父亲去世了，除了三亩田地以外，家里只有身体不好的母亲和一位瘫痪在床的祖母了。

20 世纪 80 年代，农田承包到户。他把一丘水田挖成池塘，想养鱼。但乡里的干部告诉他，水田不准养鱼，只能种庄稼，他只好又把水塘填平。后来他听说养鸡能赚钱，就向亲戚借了 500 元钱，养起了鸡。但是一场洪水后，鸡得了鸡瘟，全部死光了。他的母亲经受不了这个刺激，忧郁而死。为了挣钱还债，他酿过酒，捕过鱼，甚至还在石矿的悬崖上帮人打过炮眼……

可老天爷似乎从来没有眷顾过他，每一项工作他都没有赚到钱。

35 岁的时候，他还没有娶到媳妇。因为没有任何一个人愿意嫁给穷得一无所有的他。可是他还是没有放弃自己的努力，于是他四处借钱买了一辆手扶拖拉机。不料，上路不到半个月，这辆拖拉机就载着他冲入一条河里。他付出了一条腿的代价，拖拉机被人捞起来后，已经支离破碎，成了一堆废铁，几乎所有的人都说他这辈子完了……

然而，事情并没有像大家所想象的那样。在接下来的日子里，他依然屡败屡战，最终，他成功了。

有一次，某电视台记者采访他，当问到他是什么使得他在苦难的日子里，一次又一次毫不退缩的时候，这个男人做了一个精彩的回答，他把玻璃杯子握在手里，反问道："如果我松手，这只杯子会

第五章 自强——永无止境的道德追求

怎样?""会摔在地上，碎了。""那我们试试看。"他手一松，杯子掉到地上发出清脆的声音，但并没有破碎，而是完好无损。他说:"我的这只杯子不是普通的玻璃杯，而是用玻璃钢制作的。"

是的，一个用玻璃钢制作的杯子是永远不用担心会被摔破的，因为它本身就具有了抵抗外力的特质，人也是一样，一个从来就没有害怕过困难和失败的人，一个从哪里跌倒就从哪里爬起来的人，又怎么能不取得成功呢?

不敢冒风险，其风险就会越大

从前，有一个农夫，他有很大的一块地。

在播种的季节，有人问他:"你种了麦子吗?"

农夫回答说:"没有，我担心天不下雨。"

那人又问:"那你种了棉花吗?"

农夫回答说:"也没有，我害怕虫子把棉花吃掉。"

最后，那人又问:"那你打算种点什么呢?"

农夫说:"什么也不种，我要确保安全。"

到了收获的季节，当别人都满载而归的时候，农夫的地里还是一片荒芜。

也许，躲在安乐窝里会感觉到暂时的安全。然而，风雨是每个人都必须经历的。逃避的人，最终会被暴风雨掀翻安乐的小窝，独自在风雨中瑟瑟发抖。不经历风雨，就见不着彩虹。一个人越是畏首畏尾，不敢冒风险，其风险就会越大;越是敢于冒风险，他的风险率反而越低，成功率自然越高。

据说，很多水陆两栖的小动物都是后天自己学会游泳的，而非天生。本来，小鸡也可以在水中生活的，可是，小鸡的祖先不敢冒风险。

有一次，小鸡看到伙伴们都在水里戏水，也很想和它们一起玩，但它自己不会游泳，它就问小猪:"小猪，我可以游泳吗?"

小猪说："那可不行，学游泳可不是闹着玩的，弄不好会有危险，还是不学的好。"

小鸡听了，转身就走。看到小鸡要走，小鸭问："怎么又不学了？"

小鸡说："我怕被淹死。"

小鸭说："不会的，你看我们这么多学游泳的，不都没出事嘛，来，我教你。"

小鸡听小鸭这么一说，又想学了。刚要下水，被小狗看见了，小狗说："学游泳有什么用，要是出了事可就晚了，不会游泳的多着呢，又有什么关系呢？"

小鸡一听，就又不学了。于是从此鸡就不会游泳。

转眼到了第二年，那个夏天雨下得很大，大雨冲进了小鸡的房子，小鸡不会游泳，眼看着有危险，小鸭正巧游过这里，就把小鸡救了出来。小鸭对小鸡说："这回你尝到的不是会游泳的危险。而是不会游泳的危险。"

现实生活中有很多这样的人。总是害怕做事时会遇到各种各样的风险，于是就什么都不做，到头来，既没有了生存的技能，也没了生存的本钱。他们害怕受苦和悲伤，结果自然是遇到了更大的痛苦与悲伤。毕竟，苦难并不会因为你的躲避而放过你。我们只有学会改变、接受、成长，才能在风险来临之际，勇敢地拿出真本领，与命运搏击，这样才能成为真正的强者。

那些被自己的畏缩态度所束缚的人，就像是丧失了自由的奴隶。一个不愿意冒风险的人，不敢有所主张，因为他们害怕被扣上愚蠢的帽子，遭到别人耻笑；他们不敢否认，因为害怕自己的判断失误；他们不敢向别人伸出援手，因为害怕一旦出了事情被牵连到；他们不敢暴露自己的感情，因为害怕自己被别人看穿；他们不敢爱，因为害怕要冒不被爱的风险；他们不敢希望，因为害怕要冒失望的风险；他们不敢尝试，因为要冒着可能失败的风险……这种种可能会遇到的风险，让那些胆小的人畏首畏尾，举步维艰，他们茫然四顾，不知道自己的出路在何方，殊不知，人生中最大的冒险就是不冒风险。畏首畏尾只会让自己的人生不断倒退。

当危险到来的时刻，流泪和躲避都是没有用处的，只有坚强面对才是唯一出路。但愿那些害怕风险的人，不再学鸵鸟的掩耳盗铃，遇到危险时把自己的头插到沙土中获得心灵的解脱，而是时刻准备着去坚强面对。因为困难和风险也是一个欺软怕硬的主儿，不是有那么一句话吗："困难像弹簧，你弱它就强。"

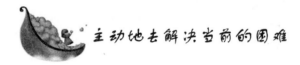

主动地去解决当前的困难

人在屋檐下，应该想着如何改变当前的状况，难道就一直这样下去吗？当然不！那么如何改变当前的状况呢？积极地认清当前的状况，冷静地分析改变现状的方法，主动地去解决当前的困难。

有两个师范学院毕业的同学。一个被分配到农村当老师，另一个却幸运地分配到城市里当老师。

被分配到农村的A开始还满腹牢骚，认为命运对自己如此不公，农村交通不便，信息闭塞，生活单调，而且吃的还差。于是，他在给学生上课的时候总是一副颓废萎靡的样子。一次，县教育局局长来听他讲课，看到他这个样子后，就找校长问明白了是怎么回事。在临走之前，局长把A叫过来语重心长地说："年轻人，我也是从你这个年纪过来的，知道你心里是怎么想的。你还年轻，有很多事情可以主动去做。俗话说：'种瓜得瓜，种豆得豆'，只要你去做了，就会有好结果的。"

A深受局长"只要你去做了，就会有结果"这句话的感染，从此以后上课前认真备课，上课时认真授业，下课后认真生活，脸上经常挂着满足的笑容。功夫不负有心人，一年后A教的两个班的数学成绩已经是全县第一了。由于工作能力突出，A也被上调到城市里。

分配到城里的B，工作轻松，工资奖金优厚，他相当满足，觉得这样过一辈子相当不错。正是由于他的这种自我满足。渐渐地对工作也不放在心上了。他不再钻研教学方法，不再备课，很多学生都把他叫做"催眠大师"。过了一段时间后，学校引进竞争机制，B由于工作没有上进心，学校让他下岗了。

环境如何并不能成为我们应该消极被动的借口。环境好就自我满足、停滞不前，慢慢地就会失去活力，忘记自己当初的人生信条与职业目标，最终走向一无所成的深渊。如果我们积极主动地面对生活、面对工作，化压力为动力，化不利为有利，相信最终会实现我们的目标。

有时候面对难题，感觉它强大而无法战胜，软弱者因此而退却，停止在困难面前；而成功者善于把大难题化做小难题，将大的压力，分解为小的压力。

10多年前。黄明还只是一家建筑材料公司的普通业务员。当时他所在的公司面临的最大问题是讨账。公司的产品不错，销路也很好，但销出去后，总是无法及时收回欠款。有些欠款根本就要不上来，成了"死账"。

有位客户，买了10万元的产品，总以各种理由推迟付款，公司3次派人去讨账，都空手而归。当时，黄明刚到这家公司不久，老板让他和另外一位同事一起去讨账。他俩想尽了各种办法，软硬兼施，嘴皮子都磨薄了。最后，客户终于同意给钱，叫他们过两天来拿。

两天后，他们再次来到欠债客户那里，对方真给了一张10万元的现金支票。

他俩高高兴兴地拿着支票到银行取钱，结果却被告知，账上只有99920元。很明显，客户给他们的是一张无法兑现的支票。春节马上到了，他们单位第二天就要放假了，如果不及时拿到这笔欠款，不知又要拖多久。

黄明灵机一动，自己拿出100元钱。存到了客户公司的账户里去。这样一来，客户账户里就有了10万元。他们立即将支票兑了现。

当他们带着这费尽周折讨来的10万元欠债回到公司时，老板对他俩大加赞赏。当他俩将讨债过程告诉老板之后，老板更对黄明青睐有加。5年之后，黄明当上了这家公司的副总经理。后来又当上了总经理。

黄明的成功主要是由于他能遇事主动想办法，哪怕遇到再棘手的问题，也绝不退缩，而是想办法解决。而遇事喜欢找借口的人，是不会主动想办法解决问题的，哪怕是有现成的办法摆在他面前。这也是优秀员工与普通员工的根本区别。

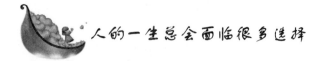

人的一生总会面临很多选择

大学毕业后，丁磊像大多数大学生一样回到了家乡，幸运地在宁波市电信局谋得了一份工作。电信局是国家事业单位，旱涝保收，待遇也非常不错。在别人眼里，丁磊是幸运的，但他自己却觉得工作非常辛苦，同时也感到自己的才华根本没有得到发挥。1995年，他毅然决定辞掉电信局的工作，自己出去闯一闯。这遭到了家人的强烈反对，但他去意已定，别人谁也无法阻拦。

丁磊将自己的商海第一站选在了广州。后来，有朋友问他为什么选择了广州，而不去北京或上海。他讲了一个笑话：广州人和上海人相比，其实就是南方人和北方人的区别。如果广州人和上海人的口袋里各有100块钱，那上海人会拿出50块贴补家用，用另外50块钱去开公司；而广州人则会再向亲戚朋友借100块钱去开公司。

第一次来到广州，走在完全陌生的城市里，看到匆匆而过的行人和车流，丁磊越发感到"钱"的重要性：一日三餐总得花钱吧？也不能睡在大街上吧？生活中不能没有钱，漂泊的日子总是充满酸涩。当时，丁磊身上带的钱并不多，他必须省着花。丁磊心想：当初是自己执意要打破"铁饭碗"，总不能混到要靠父母接济的地步吧？当时，找到一份工作是丁磊最大的愿望，哪怕钱少一点，也总比漂泊着强。

丁磊忘记了自己到底跑过多少家公司、费过多少口舌。凭着耐心和实力，他终于在广州安定下来。1995年5月，他进入一家美国的软件公司工作。

丁磊根本不是一个安于现状的人。在这家公司工作一年后，他再次萌发离开的念头，想和别人一起创立一家与网络相关的公司。当时，丁磊可是国内最早的一批上网用户，他可以熟练地使用因特网。

丁磊开始了他的创业之旅。离开这家公司之后，他来到了这家小得可怜的公司。巨大的反差，让他觉得多少有点失落，但从来没有失去信心，他相信公司将来会对国内的。因特网产生影响。当时，除了投资方外，公司的技术都由满怀热情的丁磊负责。然而，丁磊最后发现这家公司并没有按他当初的想法运营，他只能再次选择离开。

1997 年 5 月，丁磊决定创办网易公司。历经风雨之后，网易成为中国 IT 业一道亮丽的风景，丁磊也成了中国商界一颗耀眼的新星。

凭借挑战自我的勇气，丁磊勇敢地走出了商海创业的第一步，成了中国乃至全球屈指可数的互联网风云人物之一。如果当初他没有打破"铁饭碗"的勇气，没有冲破"家人阻挠"的魄力，就没有现在的网易，也就没有今天的丁磊。

人的一生总会面临很多选择。有没有勇气迈出第一步，往往是人生的分水岭。人生中有很多第一步，要跨出这一步，需要勇气，更需要胆识。

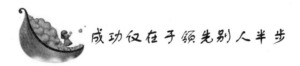

成功仅在于领先别人半步

一位侨居海外的华裔大富翁，小时候家里非常穷。

在一次放学回家的路上，他忍不住问妈妈："别的小朋友都有汽车接送，为什么我们总是走回家？"

"咱们家穷！"妈妈无可奈何地回答说。

"为什么咱们家穷呢？"他继续问道。

妈妈告诉他："孩子，你爷爷的父亲，本是个穷书生，十几年的寒窗苦读，终于考取了状元，官达二品，富甲一方。哪知你爷爷游

123

手好闲，贪图享乐，不思进取，坐吃山空，一生中不曾努力干过什么，因此家道败落。你父亲生长在时局动荡战乱的年代，总是感叹生不逢时，想从军又怕打仗，想经商时又错失良机，就这样一事无成，抱憾而终。临终前他留下一句话：大鱼吃小鱼，快鱼吃慢鱼。

"孩子，家族的振兴就靠你了，做事情想到了看准了就得行动起来，抢在别人前面，努力地做了才会有成功。"

他牢记了妈妈的话，以十亩祖田和三间老房子为本钱，成为今天《财富》华人富翁排名榜前五名。

他在自传的扉页上写下这样一句话："想到了，就是发现了商机，行动起来，就要不懈努力。成功仅在于领先别人半步。"

美国著名作家奥格·曼狄诺常常告诫自己："我要采取行动，我要采取行动……从今以后，我要一遍又一遍、每一小时、每一天都要重复这句话，一直等到这句话成为像我的呼吸习惯一样，而跟在它后面的行动，要像我眨眼睛那种本能一样。有了这句话，我就能够实现我成功的每一个行动，有了这句话，我就能够制约我的精神，迎接失败者躲避的每一次挑战。"

毫无疑问，那些成大事者都是勤于行动的大师。在人生的道路上，我们需要的是：用实际行动来证明自己和兑现曾经心动过的金点子！

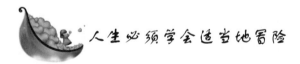

人生必须学会适当地冒险

很多年前，当"闯南洋"成为生存的一种手段时，年轻的谢英福随着"闯南洋"的大军来到马来西亚，他的兜里只剩下了5元钱。

为了生存，谢英福在这片土地上为橡胶园主割过橡胶，采过香蕉，为小饭店端过盘子……谁也不会想到，他后来成为马来西亚的一个亿万富翁。

很多人试图找到谢英福成功的秘密所在，但他们发现，他所拥有的许多机会对于大家都是平等的，唯一的区别就是：他敢于冒险。

他可以在赚到 10 万元的时候，把这全部 10 万元投入到新的行业当中。这在当时动荡的投资环境并不理想的社会中，一般人是很难做到的。

马来西亚总理马哈迪尔也熟知他。当时，马来西亚有一家国营钢铁厂经营不景气。亏损高达 1.5 亿元。

总理找到谢英福，请他援助该公司总裁，他爽快地答应了。在别人看来，这是一个错误的决定，因为钢铁厂债重难还，生产设备落后，员工凝聚力丧失。这是一个巨大的无底洞，是无法用金钱填平的。

谢英福却坦然面对媒体，说："当年来到马来西亚时，我口袋里只有 5 元钱，这个国家令我成功，现在我要报效国家，如果我失败了，那就等于损失了 5 元钱。"

年近六旬的谢英福从豪华的别墅里搬出来，来到了钢铁厂，在一个简陋的宿舍办公，他象征性的工资是每月马来西亚币 1 元。5 年过去了，企业扭亏为盈，盈利达 1.5 亿港元，而他也成为东南亚钢铁巨头。

面对成功，谢英福笑着说："我只是捡回了我的 5 元钱。"

返当的冒险是很有必要的。如果谢英福没有一点冒险精神，那么他就会像绝大多数的南洋的人一样，一辈子只能为别人割橡胶，端盘子，甚至是找不到工作而饿死街头。但谢英福成功了，他成了马来西亚受人尊敬的亿万富翁。

可见，人生必须学会适当地冒险，因为最大的危险就是不冒任何风险！只有勇敢地迎接风险，才能战胜风险，获得成功。

不断超越自我，从优秀走向卓越

在某武术学校里，一位武学高手在一场典礼中，跪在武学宗师的面前，正准备接受来之不易的黑带，经过多年的严格训练，这个徒弟武功日益精湛，终于可以在这门武学里扬名立足了。

"在颁给你黑带之前，你必须再通过一个考验。"武学宗师说。

"我准备好了。"徒弟答道，心中以为可能是最后一回合的拳术考试。

"你必须回答最基本的问题：黑带的真义是什么？"

"是我学武历程的结束，"徒弟不假思索地回答："是我辛苦练功应该得到的奖励。"

武学宗师等了一会儿，他显然不满意徒弟的回答，最后他开口了："你还没有到拿黑带的时候，一年后再来。"

一年后，徒弟再度跪在武学宗师面前。

"黑带的真义是什么？"宗师问。

"是本门武学中杰出和最高成就的象征。"徒弟说。

武学宗师过了好几分钟都没有说话，显然他并不满意，最后他说道："你还没有到拿黑带的时候，一年后再来。"

一年后。徒弟又跪在武学宗师面前。

"黑带的真义是什么？"

"黑带代表开始，代表无休止的纪律、奋斗和追求更高标准的历程的起点。"

"好，你已经准备就绪，可以接受黑带和开始奋斗了。"武学宗师欣慰地答道。

超越自我意味着不断地追求。顽强地奋斗；意味着走前人没有走过的路。在你所从事的事业中寻找新的起点。

人生是一条奔腾不息的河流，永远不会停留在一个地方，也不会停留在某一阶段，它需要不断地超越。超越，是升华，是突变，是人生不可缺少的阶段。正是这种超越，才使我们从平凡走向优秀，从优秀走向卓越！

 只要有目标有追求，没有什么不可以

阿红10岁那年，有一天中午，阿红正在家里写作业，突然听到院子里一阵鸡飞狗叫。阿红趴在窗上一看，一只黑色的老鹰正在捕食阿红家唯一下蛋的母鸡。等阿红操起菜刀追到门口的时候，老鹰已经成功地叼着母鸡向空中飞去。

由于母鸡太重，老鹰飞得特别吃力，速度越来越慢，高度越来越低。在它刚要落下来休息的时候，阿红使劲将手中的菜刀猛掷过去，老鹰一惊，于是又吃力地向空中飞去。

就这样，老鹰落，阿红就打，老鹰飞，阿红就追。终于，老鹰被阿红追得实在是飞不动了，便一头栽到田埂上，阿红跟着一个飞刀掷去，正好砍下了老鹰的一只翅膀。

当阿红一手拎着受伤的老鹰，一手拎着滴血的母鸡，踏着薄雾走在回家的路上时，突然发现，阿红居然赤着双脚追出有 20 多里地。

世界上没有做不到的事，只有想不到的事，只要有目标有追求，相信自己一定行，没有什么不可以的。

多年前，哈佛大学的学者对一群生活环境、家庭背景、智力学历等条件相差无几的年轻人做了一次调查，结果如下：

3% 的人有明确并且长远的目标；

10% 的人有明确的短期目标；

60% 的人长远和短期的目标都很模糊；

27% 的人完全没有目标；

这是一个著名的有关人生目标影响力的跟踪调查。时间走过 25 年，学者们再次调查他们的生活状况时，结果十分耐人寻味：

27% 无目标的那群人，几乎都生活在社会的最底层。他们不断抱怨上天、诅咒命运、数落他人，过着失意的生活，靠社会的救济勉强度日。

60% 目标不明的那群人，几乎都生活在社会的中下层。他们尽管生活安逸、工作稳定，但大都没有什么更大的成就。

10% 有短期目标的那群人则完全不同：他们成为了各行各业的专业人士，是社会的中产阶级；他们中的绝大多数人成了医生、律师、高级主管、营销专家，过着衣食无忧的富足生活。

剩下的那 3%。不用说大家一定也已经猜到了，对！那群多年来

127

不曾改变人生目标、向着一个方向坚定前进的人，他们构成了社会的精英阶级！

　　人生是非常短暂的，大好年华转瞬即逝，有目标，就可以在有限的生涯中把所有的力量往一块儿使；没有目标，就像是分散兵力打敌人——宝贵的时光过去了，两手却空空如也，不愤世抱怨又能干什么？

成功需要尝试，尝试需要勇气

　　一个小男孩和小伙伴在田野里兴奋地嬉戏，忽然发现了一株荨麻。他好奇地摸了一下这个小生命，却怎么也没料到被荨藤狠狠地刺了一下，于是，小男孩哭着跑回家告诉母亲这件事情。

　　"妈妈，为什么我只轻轻地碰了那个可恶的植物一下，它却刺得我很痛呢？"他向母亲哭诉。

　　小男孩的母亲温柔地摸着他的头："亲爱的儿子，不要哭。你知道吗？正因为你不经意地去摸它，它才会把你刺痛了。下次如果再去摸荨麻时，你要勇敢地将它一把握住，他便会柔软得和丝一样，绝对不会伤害你的。"

　　小男孩记下了妈妈的话，当他再一次去田野里玩时，一把握住了那棵荨麻，

　　果然，它不扎手了。

　　对于每一个开始新工作的人来说，在陌生的新环境中。都有可能遇到一些类似"荨麻"的问题，如果你去轻轻地试探这棵"荨麻"的话，反而可能被它刺伤，如果大胆地伸出手去，你会发现原来它比想象中的柔软得多。

　　你所碰触的事情往往比你想象的要容易得多。如果你因为第一次失误而从此产生恐惧心理，"一朝被蛇咬，十年怕井绳"，那么你便很难走出尝试性的一步。

　　有人曾做过这样一个实验：

　　把几只蜜蜂放在瓶口敞开的瓶子里，侧放瓶子，瓶底向光，蜜蜂会一次又一次地飞向瓶底。企图飞近光源。它们决不会反其道而行，试试另一个方向。困于瓶中对它们来说是一种全新的情况，是它们的生理结构始料未及的情况。因此，它们无法适应改变之后的环境。

　　这位科学家又做了一次试验，这次瓶子里不放蜜蜂，改放几只苍蝇。瓶身侧放，瓶底向光。不到几分钟，所有的苍蝇都飞出去了。它们多方尝试——向上、向下、面光、背光。它们常会一头撞上玻璃，但最后总会振翅飞向瓶颈，飞出瓶口。

　　然后，科学家解释这个现象说："横冲直撞要比坐以待毙高明得多。"

　　大多数人会因恐惧失败而不敢轻举妄动。这种恐惧心理局限了我们的眼界，低估了我们的能力。获致个人成就的最重要因素之一，就是愿意尝试。在尝试的过程中你也许会犯下许多错误，但最后终能打开一条生路。

第六章　自信——天生我材必有用

　　自信是一种非常重要的心态。自信表现为一种自我肯定、自我鼓励、自我强化、坚信自己一定能成功的情绪素养，没有自信心，就没有生活的热情和趣味，也就没有探索拼搏的勇气和力量。

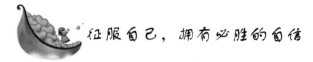

征服自己，拥有必胜的自信

自信是一种非常重要的心态。自信表现为一种自我肯定、自我鼓励、自我强化、坚信自己一定能成功的情绪素养，没有自信心，就没有生活的热情和趣味，也就没有探索拼搏的勇气和力量。

拥有自信不是什么困难的事，但也不完全是那么简单的事。想要拥有自信，第一件事就是要知道什么是真正的自信。许多广告媒体会塑造出自信的假相，让人们以为把眉毛挑得高高的，露出一副骄傲的神情就是自信，许多人也会以为自己是有自信的，或是声称自信，实际上那和自信距离还很遥远！

自信和外在物扯不上关系。如果你是因美丽而自信，当你年老色衰时怎么办？如果你是因为金钱而有自信，世事无常，很可能哪一天你的钱财会耗尽。如果你是因为拥有权力而自信，但权力也不一定长久。

真正的自信是一种心境，它需要内在的东西来支持。就像当老师让你写一篇作文的时候，你的脑子里已充满了各种美妙的词句和构思，那么还会怕什么呢？你会微笑着对自己说："这有什么难的。"

只要你拥有了渊博的知识，拥有了坚韧不拔的意志，你就拥有了必胜的自信。

信心是一种心境，有信心的人不会在转瞬间就消沉沮丧。如果一个人从他的荫庇所被驱逐出来，他就会去造一所尘世的风雨摧残不了的屋宇。每个人都可以去放纵和随意做自己喜欢的事，只要自己喜欢，没有什么不可以做到的。这是很简单的，几乎人人都可以做到。因为人性是好逸恶劳的，所以这还谈不上自信。但是，要做一个能够自信的人却并不那么容易，那等于是向自己的惰性开战，滋味当然比不上随心所欲来得舒服。如果你是位想拥有真正自信的人。而不是不堪一击的自大狂，这门功课是必须要做的。有了自信能力，你才能掌握行为的对错与方向。因为有了自信的能力，才有可能兑现对自己的承诺。兑现了对自己的承诺，你才会相信自己，并最终抵达目标。

试着在日常生活中慢慢培养自己的自信力，例如，办公室同事起哄要去吃大餐、唱卡拉 OK 时，你为了下班后的自我进修而舍弃不去。当一群人在身旁大谈办公室闲话时，你即使知道再多的内幕，也可以克制不飞短流长。当有人以各种好处收买人心，大部分获利的人都在窃喜时，你却仍然不为所动。

这些在生活中自我培养出的自信力，会让你成为一个有原则、有所为有所不为的人。这些都可以为你累积出日后自信的实力与基础。倘若你想征服全世界，你就应先征服自己。

 战胜恐惧，培养自信

大家一定听说过李阳疯狂英语的创始人李阳吧，可是很多人还不知道，李阳原先也"不过如此"！

从很多资料中，我们发现他也有"不堪回首"的时候：

他少年时代很内向，用最常见的话说就是"怕生"。他是一个十足的"丑小鸭"，十几岁了，亲戚朋友还不知道李家有这样一个孩子。他"怕生"怕到了何等地步：听到电话一响，就会躲起来；他看电影之后，父亲总是要他复述电影的内容，为了不干这种他不愿意做的事情，他宁愿多年不看自己喜欢看的电影。

一个最典型的故事是：有一次他患了鼻炎，父母送他到医院去治疗，在进行电疗的时候，医生不小心漏电烧伤了他的脸，由于害羞，他忍住痛苦，一直没有告诉别人，至今脸上还有一块小伤疤。

对此，他自己深有体会：小的时候最害怕的事情就是自己完成不了作业，因此，经常被老师罚站，每次都只好低声认错，可是第二天又故伎重演……

值得庆幸的是，李阳多次向父母提出退学，父母在他心目中是有权威的，没有退成，勉强熬到了高中毕业，还居然考上了兰州大学力学系——看来他并不蠢。可就是在大学里，李阳还是浑浑噩噩

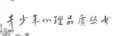

的；自己的形象并没有改变。

按照学校规定，旷课70节就要被勒令退学，可是他很快就超过了100节，他因此差点被兰州大学请出了校门。

那么，李阳的英语是不是特别好呢？

不是！谁能相信今天的英语教师当年曾经是连"60分万岁"都办不到，常常都要补考才能过关的人……

大学二年级的时候，他必须参加全国英语四级考试才能取得学位证书。读大学为什么？不就是弄一张文凭吗？可是过不了四级，得不到学位证书，这大学本科不是打折了吗……

他被逼上了梁山，不得不打起精神，每天早上都去学习英语。他本来是一个懒散惯了的人，如今要集中精力，那可不是一件容易的事情。为了集中精力，他干脆跑到兰州大学校园里的烈士亭上放开歌喉大声背诵起英语来。这一声大喊不要紧，喊出了李阳的灵感来了：这样不仅思想不容易开小差，效果还不错！

他就这样"吼"了几个星期，居然还"吼"出了自信！

胆子出来了，他就去了学校的英语角，说出来的英语还居然像模像样的：知道他底细的同学都感到惊奇，急忙向他"请教"怪招！李阳此时已经隐隐约约地感到这可能是一种奇妙的办法，虽然说不出什么，但是他决心这样干下去。

从此以后，只要有时间，李阳就像疯子那样在烈士亭等地方大喊大叫，不管是刮风还是下雨，不管是晴天，还是沙尘天。有时候，为了增加自己的胆量，他居然穿着46号的特大美国劳工鞋、肥大的裤子，戴着耳环，在全国重点大学的兰州大学声嘶力竭地喊叫。

不管别人怎么看他，他就是我行我素：他就这样复述了10本左右英文原著，在四级考试中得了个第二……最令他恐惧的英语给他带来了成功的喜悦，他的疯狂故事就这样走出兰州大学，走出甘肃，走向全国……

李阳有一句"格言"："I enjoy losing face!"（我喜欢丢脸!）李阳的成功经历就是一个放下面子的经历。

他现在的目标是什么：让更多的中国人说一口流利的英语！当然他也可以大大地赚一笔钱。

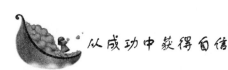

从成功中获得自信

一个自信和自觉的人，如果能勇敢地尝试新的事物，并有毅力把它做好，他就会从成功中获得自信，在失败中增加自觉。

多年前，阿红从江西一偏僻的山村考入长沙有色金属专科学校。阿红从小沉默寡言，有口吃的毛病。这一下子从山旮旯来到大城市读书，心理更胆怯、更无所适从，口吃因此更厉害。

看到同学们流利地发言，交谈，阿红苦恼、自卑，阿红决心改掉这个毛病！

元旦前学校组织文艺汇演。各班都要上节目。文体委员动员同学们自告奋勇参加表演，阿红鼓起勇气，报了一个独唱《雨中即景》，是中国台湾的一首流行歌曲。他惊诧不已，阿红索性一不做二不休，再报一个单口相声《说亲》。接下来阿红暗暗使劲，一遍又一遍地唱、说，直到滚瓜烂熟。

汇演于元旦前一天在大礼堂举行，黑压压坐着一千多师生。阿红不断给自己打气、鼓劲、做深呼吸，出场离阿红越来越近，阿红的心咚咚跳个不停。

此刻阿红后悔了，不该一时冲动，平时说话都口吃，今天面对这么多师生不知会出什么洋相。但退路已经没有，只有豁出去了，成败在此一举。主持人报阿红上场了，阿红心一横，从幕后大步跨到前台，竟异常从容，唱得轻轻松松。唱完后接着又说，普通话夹着方言，但流畅自如，台下响起了热烈的掌声，阿红成功了！

也许演出本身并不成功，阿红身上没有多少文艺细胞。但阿红知道自己的成功不在节目演得好坏，而是在一千多人面前不口吃，让师生们看到一个新的形象。

有了这次成功，就像吃了灵丹妙药，使阿红摆脱了从前口吃的阴影和自卑，阿红自信了，从此阿红再也没有犯过口吃。

查尔斯觉得自己大概是这个世界上最不幸的孩子了。全班数他

135

最胖；全校数他最矮；同学们都叫他"狮子狗儿"、"小胖墩儿"。有时他想，要是他爸爸很有钱的话，同学们也许会对他好点儿。可是，他的爸爸只是个鞋匠，一年到头挣不了几个钱。他觉得自己会一直这么难过这么自卑下去。

在查尔斯满七岁的时候，爸爸送了他一份奇特的生日礼物：一双新鞋。爸爸给穿着新鞋的查尔斯取了一个很棒的新名字——"火鞋查尔斯"！这个印第安小男孩般的名字让查尔斯觉得既新奇又高兴。于是他穿上"火鞋"，跟着穿着"风鞋"的爸爸走出家门，走进大山，流浪去了。

这不是真正的流浪，只是去到山里，去到孤零零的农舍和星罗棋布的小山村，去给山民们缝补鞋子。但对查尔斯来说，这义是真正的流浪！

爸爸一路给他讲的故事，路上遇见的那些淳朴好客的人和奇怪有趣的事，使得查尔斯痛快极了。渐渐的，他发现他不再害怕别人说他又矮又胖了，他觉得人们不再像以前那样讨厌他了，甚至他想到，也可能人家从来就没有真的讨厌过他，只是他自己胡思乱想罢了。

他不再自卑了，慢慢地有了自信。

到最后，查尔斯是真正快快乐乐地回到了家里，并且对未来的日子充满了信心。

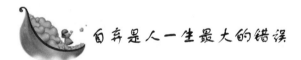

自弃是人一生最大的错误

马克思曾说过："自暴自弃，这是条永远腐蚀和啃啮着心灵的毒蛇，它汲取着心灵的新鲜血液，并在其中注入厌世和绝望的毒液。"没有追求的人，必然是怠惰的。没有理想，即没有某种美好的愿望，也就永远不会有美好的现实。没有理想，就达不到目的；没有勇气，就得不到东西。

约在一个半世纪以前，一艘英国商船在马六甲海域沉没，这艘

从广州驶出的船上载满古老中国的丝绸、瓷器及珍宝。

后来，一位名叫鲍尔的人偶然从相关资料上获此信息，便下决心打捞这艘沉船。他在深黑的海底摸索了漫长的八年，探寻了七十多平方公里的海域，终于找到了海底的宝物。

但这项工程耗资巨大，工作刚进行了一个月，就用去几万元，两位最初的合伙人认定无望而离去。之后，没有一个合伙人能坚持得更久，其中有一位鲍尔的好友，几次加入又几次离去，并一次次劝说鲍尔放弃这"疯子"般的念头。

事后，鲍尔说他其实一直有放弃的念头，每次精疲力竭地从海底潜回时，他都想永远不再下去了。他甚至怀疑早年的记载有误，而且八年来，他已耗尽巨资债台高筑，但他终于坚持到了成功的这一天。

在人的一生中，有一次坚持到底就算是成功，而放弃一旦开了头就决不会少，对于曾经认定的事——事业、爱情、友谊，放弃过一次就会一再放弃。

如果一个人主动放弃了自己，那么便没有人能拯救他。同样的道理，如果一个在挫折面前放弃了自己的理想和追求，就等于是把成功的机会拱手给了那些敢于向命运抗争的人。

很多时候，我们之所以失败，不是因为我们没有机会，而是我们对前途失去了信心，忘了自己的理想和追求。在此，我们每个人都有必要记住前苏联作家奥斯特洛夫斯基的那句名言："假如退缩了一秒钟，失去了对胜利、前途的信心，那么胜利就会从他们的手中溜走。"

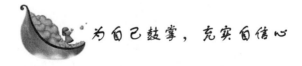

为自己鼓掌，充实自信心

生活中，我们每个人都需要一种能充实自信心的成就感，而自信不单来自于外界的肯定与掌声，更来自于自己内心的呐喊"我真棒！""我是优秀的！"当我们练习着对自己鼓掌时，梦想就会变成现实，而快乐也会如影相随的。

一位保险公司的业务员销售业绩总是不理想，他找到公司的培训师诉苦，并请他帮助自己分析失败的原因。

"你是不是缺乏与人交谈的技巧？"培训师问。

"不。"业务员的回答很肯定。

"那是不是不够勤奋？"培训师继续问。

"不，我每天都尽可能地拜访客户。"业务员的回答很干脆。

"那么，你每天为自己鼓掌了吗？"培训师沉默了一会儿，问道。

"为自己鼓掌？"业务员好奇又好笑。

"是的。"培训师继续说，"为自己鼓掌，为自己喝彩，是增强自信心的一个好方法。有了信心，就不愁没有业绩，你不妨试一试。"

这位业务员后来果真成了公司的销售明星。他说自己成功的秘诀就是经常为自己鼓掌。

没有人不需要得到鼓励和赞扬，但是很多人在做出成绩后，却总是期待别人来赞许。其实。光靠别人的赞许还是不够的，何况别人的赞许会受到各种外在条件的制约，难以符合你的实际情况或满足你真正的期盼。要保护自己的自信心和成功信念，不妨花些时间，恰当地给自己一些奖励。

有一位美国作家，他是靠着为报社写稿维持生活的。他给自己订了一个目标，每周必须完成两万字。达到了这一目标，就去附近的中国餐馆饱餐一顿作为奖赏；超过了这一目标，还可以安排自己去海滨度周末。于是，在海边的沙滩上，常常可以见到他自得其乐的身影。

心理学家曾发现过这样的一个有趣的现象：

为什么许多名噪一时的歌手最后以悲剧结束一生？究其原因，就是因为，在舞台上他们永远需要观众的掌声来肯定自己。但是由于他们从来不曾听到过来自自己的掌声，所以一旦下台，进入自己的卧室时，便会倍觉凄凉，觉得听众把自己抛弃了。

心理学家的这一剖析，确实非常深刻，也值得深省。

为自己喝彩，给自己鼓掌，决不同于自我陶醉，而是为了更强

"钻石"就在自身上

化自己的信念和自信心，更正确地评估自己的能力和人格。

因此，当我们出色地完成了工作，或朝着自己的目标不断有所进展的时候，千万别忘了给自己鼓掌。当你对自己说"你干得好极了"或"那真是一个好主意"时，你的内心一定会被这种内在的诠释所激励。而这种通过自我赞许所获得的欢乐，确实是很值得我们去细细品味的。

为自己鼓掌，不但可以使心情由郁闷变开朗，还可以使自己有旺盛的精神去战胜工作中的困难。如果你还没有为自己鼓过掌，为什么不试一试呢？

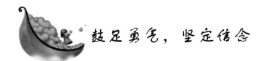

鼓足勇气，坚定信念

张大爷家的院子里有一块很大的石头，不知从何时起就摆在那里了。大家都叫它"顽石"。

顽石看上去很大，而且好像深埋在土中。由于它恰好躺在院子的中间，陌生人来到院子里，总会不小心被它绊倒。

张大爷的儿子张大力小的时候就被它绊倒过好几回。

张大力也曾问过他爹："为什么不把那块讨厌的石头挖走呢？"

张大爷回答说："那块石头在我小的时候就躺在这里了，恐怕早已生了根，哪能挖得动呢。"于是事情不了了之。

张大力既然拿顽石没办法。只好自己走路小心点儿了。

转眼，十几年过去了，张大力娶了媳妇，还有了儿子张小力。

张小力刚学会走路，每次在院子里玩耍，总会像父亲当年那样被绊倒。

张大力的媳妇心疼儿子。不止一次建议丈夫将顽石挖走。

张大力总是无可奈何地说："要是能挖走的话，我爹早就动手挖了，哪会让它留到现在啊？"

有一天，张小力又被那块该死的顽石绊倒了。听到儿子的哭声，张大力的媳妇来了气，她想：不就是一块石头嘛，还能任由它在这

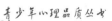

个家里瞎捣乱？今天一定要把它挖走。

说干就干，张大力的媳妇找来一个锄头，将顽石四周的泥土松了松。没想到只用了十几分钟。那块顽石就被挖出来。她又找来两个年轻力壮的小伙子，3人轻而易举地将那块在张家院子里称霸了几十年的顽石移到了墙角。

其实，那块顽石没有人们想象的那么大，而且埋得很浅，它之所以能够称霸几十年，关键是众人被它那看似强大的外表蒙骗了。

生活中没有什么不可逾越的障碍，真正的障碍是压在我们心头的那块"顽石"。它以貌似强大的外表吓退了我们的决心和勇气，使我们变得软弱无力。但只要我们鼓足勇气，坚定信念，任何障碍都会变得不堪一击。

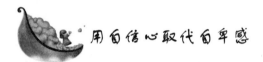
用自信心取代自卑感

自卑自怜者因幼时的过分依赖和竞争中的过多失败，得出的结论是"你行我不行"，于是束缚自我，贬抑自我，结果是增加焦虑，毁了自己。自暴自弃者不甘心说"我不行"，而又无正确的方向，亦缺乏能力来表现自己，于是放纵自我、践踏自我，结果害人害己。自傲自负者自命不凡、自吹自擂，却连自己也不认识，结果是欺人一时。欺己一世。

心理学家认为：一个人如果自惭形秽，那他就不会成为一个美人；如果他觉得自己心地不善良，即使在心底隐隐地有此种感觉，那他也成不了善良的人；如果他不相信自己的能力，那他就永远不会是事业上的成功者。很难想象，一个缺乏自信心的运动员能够登上世界冠军的领奖台。正如拿破仑说的那样："默认自己无能，无疑是给失败创造机会。"从这个意义上说，树立自信心是战胜自卑感的根本方法。

自信自强者了解自己的动机和目的，正确估价自己的能力，对自己充满自信，对他人深怀尊重，他们认为在认识自己的前提下，没有什么是不可战胜的，于是走上了"我行你也行"的康庄大道，结果是充分认识了自我，发挥了自身具有的最大潜力。

自卑是一种可怕的消极情绪。其实，任何人都无须自卑，每个人都有自己的特点，重要的是要认识到自身的长处。但怀有自卑情绪的人，往往遇事总是认为"我不行"、"这事我干不了"、"这项工作超过了我的能力范围"，没有开始尝试就给自己判了死刑。所以，我们一定要克服自卑的情绪，只有这样才能更好地将自己塑造成为一个自信的人。

心理学家建议，自卑感强的人，不妨多做一些力所能及、有较大把握的事情。这些事情即使很不显眼，也不要放弃争取成功的机会。任何成功都会增加人的自信，对于自卑的人来说尤其如此。而且，任何大的成功，都蕴含在小的成功之中。只要循序渐进地锻炼能力，自信心就会取代自卑感，这是合乎逻辑的结果。

尼克松是中国人极为熟悉的美国总统，但就是这样一个大人物，却因为一个缺乏自信的错误而毁掉了自己的政治前程。

1972 年，尼克松竞选连任。由于他在第一任期内政绩斐然，所以大多数政治评论家都预测尼克松将以绝对优势获得胜利。然而，尼克松本人却很不自信，他走不出过去几次失败的心理阴影，极度担心再次出现失败。在这种潜意识的驱使下，他鬼使神差地干出了后悔终生的蠢事：

他指派手下的人潜入竞选对手总部的水门饭店，在对手的办公室里安装了窃听器。事发之后，他又连连阻止调查，推卸责任。这就是世界著名的"水门事件"。由于这件事情，他在选举胜利后不久便被迫辞职。本来稳操胜券的尼克松，就是因为缺乏自信而采取这种愚蠢的手段毁了自己的政治前程。

另一个是小泽征尔自信取胜的故事：

小泽征尔是世界著名的交响乐指挥家。在一次世界优秀指挥家大赛的决赛中，他按照评委会给的乐谱指挥演奏，敏锐地发现了不和谐的声音。

开始的时候，他以为乐队演奏出了错误，就又指挥重新演奏，但还是不对。

他说是乐谱有问题。在场的作曲家和评委会的权威人士坚持说乐谱绝对没有问题，是他错了。

面对一大批音乐大师和权威人士，他思考再三，最后斩钉截铁地大声说："不！一定是乐谱错了！"

话音刚落，评委席上的评委们立即站了起来，响起了一阵热烈的掌声，祝贺取得了胜利。

是什么原因呢？

原来是评委们精心设计的一个"圈套"，用这种方法来检验指挥家在发现乐谱错误并遭到权威人士"否定"的情况下，能不能坚持自己的正确主张。他以前的两位参加决赛的指挥家虽然也发现了错误，但是最后因为附和权威们的意见而被淘汰。小泽征尔因为充满自信而摘取了世界指挥家大赛的桂冠。

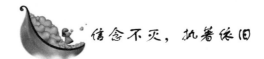

信念不灭，执着依旧

在辽阔的亚马孙平原上，生活着一种叫雕鹰的雄鹰，它有"飞行之王'的称号。它的飞行时间之长、速度之快、动作之敏捷，堪称鹰中之最，被它发现的小动物，一般都难逃脱它的捕捉。

当一只幼鹰出生后。没享受几天舒服的日子，就要经受母亲近似残酷的训练。在母鹰的帮助下，幼鹰没多久就能独自飞翔，但这只是第一步，因为这种飞翔只比爬行好一点，幼鹰需要成百上千次的训练，否则，就不能获得母亲口中的食物。第二步，母鹰把幼鹰带到高处；或树边或悬崖上，然后把它们摔下去，有的幼鹰因胆怯而被母亲活活摔死。但母鹰不会因此而停止对它们的训练，母鹰深知：不经过这样的训练，孩子们就不能飞上高远的蓝天，即使能，也难以捕捉到食物进而被饿死。第三步则充满着残酷和恐怖，那些被母亲推下悬崖而能胜利飞翔的幼鹰将面临着最后的，也是最关键、最艰难的考验，因为它们那正在成长的翅膀会被母鹰残忍地折断大部分骨骼，然后再次从高处推下，有很多幼鹰就是在这时成为飞翔悲壮的祭品，但母鹰同样不会停止这"血淋淋"的训练，因为它眼中虽然有痛苦的泪水，但同时也在构筑着孩子们生命的蓝天。

有的猎人动了恻隐之心，偷偷地把一些还没来得及被母鹰折断翅膀的幼鹰带回家里喂养。但后来猎人发现那被喂养长大的雕鹰至多飞到房屋那么高便要落下来。那两米多长的翅膀已成为累赘。

原来，母鹰"残忍"地折断幼鹰翅膀中的大部分骨骼，是决定幼鹰未来能否在广袤的天空中自由翱翔的关键所在。雕鹰翅膀骨骼的再生能力很强，只要在被折断后仍能忍着剧痛不停地振翅飞翔，使翅膀不断地充血，不久便能痊愈，而痊愈后翅膀则似神话中的凤凰一样死后重生。将能变得更加强健有力。如果不这样，雕鹰也就失去了这仅有的一个机会，它也就永远与蓝天无缘。

没有谁能帮助雕鹰飞翔，除了它自己。我们的翅膀也同样常会被折断，也同样会因此而变得疲软无力，但是，如果我们能忍受剧烈疼痛，拒绝怜悯，我们就能够永不坠落地飞翔！

清末时，梨园中有三位赫赫有名的艺人，人称"梨园三怪"。他们分别是哑巴王益芬、瞎子双阔、跛子孟鸿寿。

先来说一说哑巴王益芬。他生下来就不会说话，但却是个有心人。平日里看到父母演戏，他就在一旁悄悄模仿，将一招一式默默记在心里，然后起早贪黑地练习。虽然遇到了许多常人意想不到的困难，但他仍然坚持不懈。后来他一鸣惊人，成为梨园中声名远扬的大师。

再说瞎子双阔。他自小拜名师学艺，可后来不幸因疾失明，成了盲人。但他并没有因此自暴自弃，而是更加勤奋、刻苦地学习技艺，最终成了一名演技精湛的武生。据说，他在在台下走路时需要别人搀扶，可一上台表演却寸步不乱，武艺超群。观众根本看不出他是个盲人。

还有跛子孟鸿寿。他自幼身患软骨病，走起路来东倒西歪，根本无法保持身体平衡。但他扬长避短，勤学苦练，终于成了一代丑角大师。

"梨园三怪"虽然身有疾患，但他们并没有向命运屈服，而是凭借坚定的信念勇敢地和命运做斗争，最终获得了成功。

不管我们的生命多么卑微，不管生活给予我们的资源多么匮乏，只要信念不灭、执著依旧，就能让平凡的生命绽放出美丽的花朵！

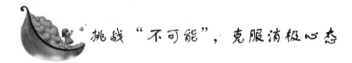

挑战"不可能"，克服消极心态

如果有人告诉你"水声可以卖钱"，你大概会说："那不可能"。

然而，美国有位叫费涅克的人就实现了这"不可能"。他用立体声录下许多潺潺的水声，复制后贴上"大自然美妙乐章"的标签高价出售，大赚其钱。

其实，整个人类进步史，就是一部从不可能到可能，再从可能到现实的不断创新的历史。6000年前，没有人认为手中的石器会被更为坚利的铁器所取代；1000年前，没有人认为一种粉末（火药）会造就一个新时代，500年前，没有人认为水蒸气会推动生产力的飞速发展；100年前，没有人认为人类会实现"飞天"的梦想；50年前，没有人"认为计算机会极大拓展人脑的功能……"如今，所有这些先人眼中的许多"不可能"，已经成为后人眼中的寻常之事。那么，今天在我们眼中的许多"不可能"，也必将会成为后人眼中的寻常之事。

社会发展的进程，就是人们不断否定"不可能"，获得更大思想自由的过程。而真正推动社会进步的，正是那些奋力冲破常规思维的束缚，勇敢挑战"不可能"的人。

一般人都认为不可能的事，做起来肯定有难度，但正因为如此，所以谁也不会去关注，谁也不会去攻击，谁也不会去设防。有人努力去做了，他遇到对抗和竞争必然就少。从这一角度看，越不可能的事，取得成功的可能性就越大。

挑战"不可能"，往往是创造性完成各项任务的最佳切入点。善不善于把思维的触角伸向"不可能"是体现一个人是否具备创新品质的重要方面。

长期生活在以消极失败心态为主的社会里的人，不管他阅历多么丰富，都难以摆脱消极心态的影响，并很可能成为消极心态的带菌者和传播者：

"我的经历证明……不可能，不要白费工夫。世道就这样，我们是不能改变的。"而事实正好相反，消极心态是可以改变的。而改变消失心态，首先要从认识消极心态开始，改变消极情绪。

提高辨别积极心态和消极心态的能力，关键在于多学习，观察成功卓越人物的思想、心态和行为方式以及他们的成功经历和成功技巧。同时，对照生活中的失败平庸者，观察思考他们的心态与行为，想想他们为什么会失败。把成功卓越人物与失败平庸者的心态进行对照比较，可使你明辨是非，洞察一切，增强抵制消极心态的能力。

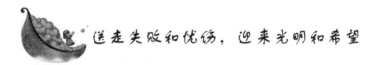

送走失败和忧伤，迎来光明和希望

在生活中经历了多次失败之后。我决定去向一位家庭美满、事业有成的朋友讨些经验。

来到朋友的公司，将一扇漂亮的旋转门轻轻一推，我便夹在两块透明的玻璃问转了进去。朋友已经站在大厅里等候我了。

我开门见山地说："我的生活太失败了，你能不能向我传授一些成功的窍门？"

朋友用手指了指我身后那扇旋转门说："我成功的窍门实际上就是它。"

我有些迷惑不解了，忍不住回头看了一眼刚才经过的那扇旋转门，只见它慢慢地旋转着，将外面的人带进来，又将里面的人送出去。

我想：这不过是一扇普通的旋转门罢了，有什么了不起的地方？

朋友似乎看出了我的疑惑，他郑重地对我说："其实，在我们的心里，每个人都有自己的一扇门。有的门终日关闭，将心锁在黑暗的角落里；有的门开开关关，成功时就愉快地打开，失败时就痛苦地关闭；而有的门却如同这扇旋转的玻璃门，不管成功还是失败，它总是有条不紊地旋转着，慢慢地将痛苦和忧伤旋转出去，将光明和希望旋转进来，在旋转中寻找机会，在旋转中把握未来！"

听了朋友的一席话，我顿时轻松了许多。我感到成功和幸福就在不远处等着我。因为我已找到了成功的窍门。

失败并不可怕，可怕的是深陷失败的泥淖中不能自拔。朋友，让你的心门轻快地旋转起来吧：送走失败和忧伤，迎来光明和希望，在旋转中寻找新的机会，在旋转中把握美好的未来！这就是成功的窍门。

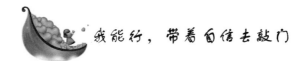

我能行，带着自信去敲门

天仁茗茶是中国台湾茶业的老字号，创业已有 50 多年的历史。天仁茗茶的掌柜李瑞河是一个精明的生意人。随着生意越做越好，李瑞河打算加开几家茶叶店。有人建议他在台南县的佳里镇、麻豆镇开几家店，因为这些地方较为偏远，尚无茶庄，竞争压力小。思虑再三，李瑞河一时也没拿定主意。

一天，李瑞河路过天仁儿童乐园，就到园内的凉亭里休息。因为不知道到底该在何处加开茶叶店，李瑞河感到非常烦恼。突然，他看到有很多人挤在花园旁的小鱼池旁钓鱼，而旁边的另一个大池旁却只有几个人，显得非常冷清。

原来，大池鱼少，小池鱼多，所以大家都到小池钓鱼。尽管人多，但仍然不断有人钓到鱼。李瑞河马上想到，台南市有那么多的茶庄，而台南县各乡镇反而那么少，道理跟钓鱼的情景是一样的。因为城市居民的消费能力强，自然聚集着相当多的茶客；而麻豆镇、佳里镇的居民消费能力弱、茶客少，所以也就很少有人在这里开店。

受钓鱼池的启发，李瑞河不再迟疑，在台南增开茶庄。从 1953 年在中国台湾创办第一家天仁茗茶庄起，50 多年来，吃苦耐劳的李瑞河凭着博大精深的茶叶知识，秉承诚信的经营理念，将茶业越做越大，在中国台湾开办了60多家茶叶连锁店，成立了世界第一家茶业集团公司——天仁集团。开创了中国台湾连锁经营的先河。

其实每个人的起跑线都是相同的，理想都是伟大的，而有人成功，有人却失败，原因就在于在实现理想的过程中所付出的努力并不一样。有的人一旦做出决断，就全力以赴，有不到黄河心不死的决心，这样的人，当然能够成功；而有些人往往在做事的过程中半途而废，经常动摇决心，其结果当然是失败。

想做好一件事情，就下定决心大胆往前冲，前方将是坦途。

只要有决心，并为自己制订的目标付出努力，成功总有一天会出现在你面前。

改"我不行"为"我能行"。

说"我不行"容易，"我能行"却很难。有时候，我们之所以不成功，往往不是由于别人否定了我们，而是自己否定了自己。要成功，就必须在自己的字典里删除"我不行"这句最常见的借口！

3年前，小江是一位即将走出学校大门、走入社会的大四学生；3年后，她成了出版界一位有名的年轻编辑。一位老总的精彩演讲改变了她的生活。

暑假前夕，有家美国机构的中国区总裁，到她所在的大学做演讲。这位老总的演讲才能非常出色。听了这位老总的演讲之后，她激动不已，心中产生了许多想法，顺手就写出了一篇文章。演讲即将结束时，她突然有一种莫名的冲动：把这篇文章送给那位演讲的老总看看。

这个念头一闪而过。她立刻又犹豫了："我行吗？"转念又一想："丢脸就丢脸吧，反正以后可能再也见不到他了！"于是，她硬着头皮把这篇由感而发的文章交给了老总。令她万万没有想到的是，两天后，那位老总打来了电话，告诉她文章写得很好，希望她继续努力，以后写出更多、更好的文章。

不久，即将毕业的她必须得联系单位实习了。她又有了一个想法：去北京实习，希望将来可以留在那里发展！可她在北京既没有亲戚也没有朋友，那位老总是她唯一认识的北京京熟人。于是她想：要不要再找找他？随后，畏惧的念头再次涌上她的心头，毕竟跟人家一面之缘，那位老总会帮自己吗？实在没有什么别的办法，抱着试试的态度，她再次硬着头皮，向那位老总表达了心中的愿望：希望他能帮她联系一个新闻出版单位实习。

再次让她意想不到的是，那位老总很快帮她联系到了一家著名的报社。不到两个月的实习很快结束，凭借自己的刻苦努力和出色文笔。她发表了好几篇有分量的文章。实习单位对她的实习工作给予了充分的肯定。毕业时，凭借优秀的实习鉴定和她发表的文章，她被北京一家出版社录用。

从老总的精彩演讲到被出版社录用，对她来说，是一段非同寻常的经历。从这段经历中，她得到了自己的成功体会，那就是永远不要对自己说"我不行"。后来，这位大学毕业生将成功体会全部运用到了工作之中。不论是编稿、约稿，还是处理别的业务，一遇到想打退堂鼓的时候，她总会对自己说："我行！我行！我一定行！"我不行，是最容易想到的借口。要成功，就要在自己的字典里删除'我不行'三个字！"

凭着"我能行"的坚定信念，她做得十分出色。很快成为单位的骨干。有时候我们之所以不成功，不是由于别人否定我们，而是自己否定了自己。我们没有被生活打败。却被自己心里的灰暗念头打败！其实。很多时候，只要你带着自信去敲门，就会发现它比想象的更容易打开。

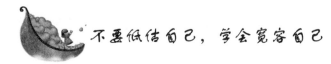

不要低估自己，学会宽容自己

毒品最可怕的地方就是它会让人体产生忍受力，而要求越来越多的量以达到相同的效果。自贬也是这样，你越是放纵地沉溺于其中，就会愈加需要它。

自贬的人其实是把自己推到了一个死角。在生活中每个人都会碰到许多实际的困扰，不过有些人的遭遇确实令人同情，比如：有的人得了不治之症，有的人失去了所爱的人，有的人生理上有缺陷。

有的人失去了工作等等。这些人都有权抱怨他们的处境，要求得到公平的待遇。但是，他们没有必要继续扮演受害者的角色，否则，经历一段时间后，反而得不到任何好处。

许多人都很容易情不自禁地产生自贬心态，即使本身并不可怜，也要把自己当成受害者，他们因为自己的处境不如意，就把自己的不幸归咎于社会、父母等其他人，甚至觉得自己处处不如人。

一天，大象对萤火虫说：

"瞧瞧我吧，你们该是何等的渺小啊！居然还好意思飞来飞去。"

萤火虫们听后，伤心地哭了，它们的哭声恰好被一位过路人听到了。

这个过路人知道莹火虫们痛哭的原因后说：

"老天是公平的，它造就的每一件东西，每一件物品都有它自己的用途，都有它们存在的价值。你们不必因自己的身体细小而伤心，你们也有大象无法比拟的优点——你们能发光，聚在一起就能为夜行人引路，这不是一件很有意义的事么？"

要想彻底地摆脱自贬的念头，只有依靠行动，尽可能把自己培养成一个没有缺陷的人。因为每次我们把自己看得不值一文时，都强化了一种观念，认为自己十分可怜，然而这种想法对我们没有任何好处。自己是可以帮助自己的，但首先一定要停止自贬，这样去做了，你就不会再贬低自己作为人的价值了。

在这个世界上，毕竟普通人占多数，他们既没有篮球飞人乔丹的惊人弹跳，也没有微软总裁比尔·盖茨的智慧，但是，他们也有自己的优点：善良、真诚、勤奋……而这一切，也正是一个人立世的资本。

你不可能一辈子一帆风顺，肯定也有处在低潮中的时候，但你不要怀疑自己的能力，更不要自贬，觉得自己一无是处。古人曾说："天生我材必有用。"因此，不要低估自己，学会宽容自己，接纳自己，就会充分挖掘出自己潜在的能力，从而开拓出属于自己的一片天地。

第六章　自信——天生我材必有用

 磨砺苦难，绽放自己的美丽

据说，在非洲的戈壁滩上，有一种叫依米花的小花。花呈四瓣，每瓣自成一色：红、白、黄、蓝。它的独特并不止于此，在那里，根系庞大的植物才能很好地生长，而它的根，却只有一条，蜿蜒盘曲着插入地底深处。

一般情况下，依米花要花费 5 年的时间来完成根茎的穿插工作，然后，一点一点地积蓄养分，在第 6 年春，才在地面吐绿绽翠，开出一朵小小的四色鲜花。

然而让人惋惜的是，这种极难长成的依米小花，花期并不长，仅仅两天工夫，它便随母株一起香消玉殒。

依米花的生长和蝉的生命历程有着惊人的相似。它们只是大自然万千家族中极为弱小的一员，可是，它们却以其独特的生命方式向世人昭告：生命只有一次，美丽只有一次！

如同依米花一样，我们要想在生命的旅途中获得一次成功，获得一次灿烂，在此之前就有可能要经历 5 年、6 年，甚至更长时间的磨砺和苦难。

然而，人生的路途远比依米花的一生漫长，我们没有理由不比依米花做得更好！小小的依米花能在贫瘠的戈壁难上美丽地绽放，我们为什么不能在逆境中用自己的智慧、技能去获取一次成功呢？

 不要轻易伤害你的亲人朋友

有一个故事：

一天，美国前陆军部长斯坦顿来到林肯那里，气呼呼地说一位少将用侮辱的话指责他偏袒一些人。

林肯建议斯坦顿，写一封内容尖刻的信回敬那家伙。

"可以狠狠地骂他一顿。"林肯说。斯坦顿立刻写了一封措辞强烈的信，然后拿给总统看。

"对了，对了。"林肯高声叫好，"要的就是这个！好好训他一顿，真写绝了，斯坦顿。"

但是当斯坦顿把信叠好装进信封里时，林肯却叫住他，问道："你干什么？"

"寄出去呀。"斯坦顿有些摸不着头脑了。

"不要胡闹。"林肯大声说，"这封信不能发，快把它扔到炉子里去。凡是生气时写的信，我都是这么处理的。这封信写得好，写的时候你已经解了气，现在感觉好多了吧，那么就请你把它烧掉，再写第二封信吧。"

再讲一个故事：

一个小男孩，脾气非常暴躁，总是不能够控制自己的情绪，每天总是大发脾气，不是和班里的同学吵架，就是和邻居的孩子们打得不可开交，而且他还几次和老师、自己的妈妈、外祖父母顶嘴、大声争辩。

一天，他的父亲拿过一大把铁钉和一把小锤子对他说，孩子，你以后想要发怒的时候就跑到门口的那根粗木桩那里，用这把锤子狠命地砸进去一颗钉子，想发怒一次就钉一颗钉子。

小男孩很高兴地接过了钉子和锤子，于是每当他想发怒的时候就跑到家门口的木桩那里，狠命地砸进去一颗铁钉，最多的一天他甚至向木桩里钉进去 100 颗钉子。每当他没有了钉子就找父亲要，父亲很爽快地就给他了。慢慢地，小男孩对钉钉子感到非常的厌烦了。

又一天父亲对他说道，孩子，每当你感到心情不错时就从木桩上取下一颗钉子吧！听完了父亲的话，小男孩就走到木桩那儿取下了一颗钉子，他发现，取出钉子要比钉钉子难多了。可从那一天开始，小男孩每天往大木桩上钉的钉子越来越少了，而取出的钉子越来越多了。终于有一天，他不再向木桩上钉钉子了。那天，父亲亲切地表扬了他，小男孩心里喜滋滋的。

直到有一天，小男孩把所有的钉子都取出来了。父亲带他来到那根大木桩跟前，对小男孩说道，你知道取钉子为什么比钉钉子难吗？这是因为责备辱骂一个人是一件很简单的事，可想要重新获得友谊却很难。你再看看这根木桩，虽然你把所有的钉子都取了出来，可你钉钉子留下的伤痕却永远去不掉了，不要轻易伤害你的亲人朋友，因为这种伤害即使再怎么弥补，不论再过多少年，它的伤痕永远也去不掉。

 最佳心理暗示：过去不等于未来

这里有一个很著名的故事：这个故事的主人公曾经担任美国田纳西州州长；届满谢任之后，弃政从商，成为世界 500 家最大企业之一的公司总裁，成为全球赫赫有名的成功人物。

可是她小时候的遭遇却是不堪回首：

1920 年，她出生在美国田纳西州的一个小镇上，是一个私生子，妈妈为她取了个小名叫小芳——按照美国人的习惯，一个人不仅要有名，还必须有姓，可是她没有父亲，所以只有小名。小芳慢慢懂事了，发现自己与其他的人孩子不一样：没有爸爸。

不少人都对她投来歧视的目光，小伙伴们也不愿意跟她一起玩。她不知道这是为什么，感到十分迷茫——她是无辜的，而世俗却是严酷的。任何人都知道，什么东西都选择，父母不能选择，所以有些"无聊之辈"说"自己是父母玩乐的产物"。

小芳不知道自己的父亲是谁，一直跟妈妈相依为命。

上小学以后，她受到的歧视并没有因此减少，很多人都还是用冰冷、鄙夷的眼光看她，认为她是没有教养的孩子……

在别人的心理暗示下，她自己也不断地对自己进行心理暗示，因而变得越来越懦弱——自我封闭，逃避现实，不愿意与人接触，因而变得越来越孤独……

小芳最害怕的事情就是跟妈妈一起到镇上的集市去——因为她

总能感到有人在背后指指戳戳，窃窃私语："就是她，那个没有父亲，没有教养的孩子！"

13 岁那年，镇上来了一个牧师，她的一生从此开始改变了：

母亲对小芳听说，这个牧师是个好人。

一到礼拜天，别的孩子便跟着父母，手牵手地走进教堂去她很羡慕，就无数次躲在教堂的远处，看着这些人高高兴兴地从教堂里出来，而她只能通过聆听教堂庄严神圣的钟声和偷看人们面部表情去想象神奇教堂里发生的事情……

一天，等其他人都进入教堂以后，她终于鼓起勇气，偷偷地溜了进去，躲在后排注意倾听——

这位牧师正在说：

过去不等于未来：如果过去成功了，并不等于未来就可能成功；如果过去失败了，也不等于未来就要失败。过去的成功或失败，都只是过去的事情，未来能靠现在来决定的。每个人都应该面对现实，重视现在。现在干什么，选择什么，就决定了我们的未来是什么！

失败了不要气馁，成功了也不要骄傲。成功和失败都不是最终结果，都只是人生过程的一个事件，一段经历，一朵浪花。在这个世界上，不会有永恒的成功，也没有永远失败。

小芳的悟性很强，她渴望情感，牧师的话深深地震动了她，她感到一股暖流在温暖着她那冷漠、孤寂的心。但是她马上提醒自己："我必须马上离开，趁别人还没有发现自己的时候，赶快走。"

有了第一次，就会有第二次、第三次、第四次、第五次——这就是她最喜欢干的事情。

她每次都是偷听，牧师几句激动人心的话是很难阻止别人的冷眼的，因为她懦弱、胆怯、自卑，认为自己没有资格进教堂，认为自己跟别人不一样。

有一次，她又偷偷地溜进了教堂，听入迷了，居然忘记了时间，忘记了自卑和胆怯，直到教堂的钟声清脆地敲响，她才惊醒过来，可是已经来不及了抢先"逃"走了。

先离开教堂的人们堵住了她迅速出逃的去路！她低着头，尾随人群，慢慢朝门外移动……

突然，一只手搭在她的肩上，她惊惶地顺着这只手臂望上去，此人正是牧师。牧师温和地问："你是谁家的孩子？"

这是小芳十多年来最最害怕听到的话，这句话就像通红的烙铁，直直地戳在她流着血的幼小心灵上。

牧师的声音不大，却具有很强的穿透力，这是作为一位牧师多年锻炼出来的：人们停止了走动，几百双眼睛一齐注视着小芳，教堂里显得异常安静。

小芳被完全惊呆了，不知所措，眼里噙着快要掉下来的泪水。

这个牧师是一个大好人，脸上立即浮起慈祥的笑容，说："噢——我知道了，我已经知道你是谁家的孩子了——你是上帝的孩子。"

他抚摸着小芳的头，发表了一篇简短的演说：

这里的人和你一样，都是上帝的孩子！过去不等于未来：不论你过去怎么不幸，这都不重要。重要的是你对未来必须充满希望。你现在就可以做决定，做你想做的人。孩子，人生最重要的不是你从哪里来，而是你要到哪里去。只要你对未来充满希望，你现在就会充满力量。

不管你过去怎样，那都已经过去了。只要你调整好心态，明确自己的目标，积极地去行动，那么成功就是属于你的。

牧师话音激起了教堂里顿时热烈的掌声。

那些平时瞧不起小芳的人没有对小芳说一句话抱歉的话，掌声就是理解，就是歉意，就是承认，就是欢迎！

压抑在小芳心灵上整整13年的陈年冰封被"博爱"瞬间熔化……她终于抑制不住内心的喜怒哀乐，眼泪夺眶而出。

小芳的心态从此发生了巨大的变化。

67岁的时候，她出版了自己的回忆录《攀越巅峰》，在书的扉页上写下了这样一句话：过去不等于未来！

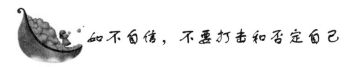

如不自信，不要打击和否定自己

1852 年，俄国著名作家、《现代人》杂志主编涅克拉索夫，收到了一部名为《童年》的手稿。但是，不知何故，作者在手稿末页和信中，只署上自己的姓名缩写"H"。

涅克拉索夫在看完手稿后，觉得写得十分出色，于是决定发表。由于不知作者的全名，所以作品发表时，只能按姓名缩写署名。

这是文学巨人托尔斯泰的第一部作品。尽管作品写得很好，但是由于缺乏信心，他却不敢署真名。幸好，涅克拉索夫是一个真正的"伯乐"。在发表这一作品的同时，他还向屠格涅夫等著名作家推荐，说："留神一下《童年》这部中篇小说吧！看来，作者是一个新的、大有希望的天才。"

很多著名作家看后，都对这部作品交口赞誉。当时，年轻的托尔斯泰正在高加索山地服役。一天，他偶尔读到了一篇对他的作品的评论文章，作者是位著名的评论家。

托尔斯泰读着那些赞美的言词，狂喜和眼泪几乎使他窒息。处女作的巨大成功，使这位本来胆怯的年轻人对未来充满了的希望。从此开始，世界文坛上多了一颗夺目的明星。

一位天才在写出杰出作品时，居然不敢署名！这个故事，或许对我们是很大的鼓舞：原来，天才也曾不自信！尽管不自信，但托尔斯泰还是勇敢地将稿件投给了权威刊物。如果没有这样"勇试一把"的举动，他还会因此而获得巨大的成功吗？

许多人的潜能都是被压抑的，许多生命中应有的光芒，都是因为我们自行掩盖，最终使得它消失了！许多应有的业绩，都是由于我们自行打击和否定，而胎死腹中！

第七章 自省——在反思中走向成功

　　自省，贵在自觉，一个人只有通过自律、反思、剖析、克制等等，才会静下心来，客观公正地评价自己，并能清楚地认识到自身的缺陷。

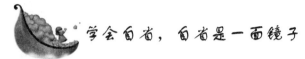

学会自省，自省是一面镜子

　　自省，贵在自觉，一个人只有通过自律、反思、剖析、克制等等，才会静下心来，客观公正地评价自己，并能清楚地认识到自身的缺陷。一个人如果不懂得自省，或者缺乏主动的自省精神，这样的后果就是盲目自大，以至遭遇损失时还一味抱怨他人，从不想想问题的根源就在自己身上。

　　苏轼写过一篇《河豚鱼说》的故事，说的是河里的一条豚鱼，有一天游到一座桥下，却不料一头撞到了桥柱上。它不检讨自己不小心，也不打算绕过桥柱游过去，反而生起气来，恼怒桥柱撞到它。河豚气得张开两鳃，鼓起肚子，漂浮在水面，很长时间一动也不动。后来，一只老鹰发现了它，一把抓起了它，转眼间，这条河豚就成了老鹰的肚中之物。

　　故事中的这条河豚，自己不小心撞上了桥柱子，却不知道反省自己、责备自己，不去改正自己的错误，反而恼怒别人，结果白白丢掉了自己的性命。

　　在现实生活中，有很多类似于河豚这样的人，他们从来就没有反省、检查过自我，反而在遭受失败或遇到其它不幸时就抱怨不已，美玲就是其中的一个。

　　美玲人生得漂亮，而且还接受过良好的教育，但不幸的是她有过一次失败的婚姻。不过，由于她的美貌，虽然离过一次婚，身边却不乏追求者。然而遗憾的是，美玲总是感到自卑，对自己信心不足，认为自己配不上那些追求者，因此许多恋情都无疾而终。

　　为了让自己心理上有优越感，为了能加重自身的"砝码"，美玲开始到处求助整形医生，希望自己能美丽一点，再美丽一点。但整容医生告诉她："你已经很美了，不再需要任何整容。"美玲无法接受整容医生的忠告，她又来到另一个城市，去求助那里的整容医生……

如今，美玲仍旧美丽，但她心理上的问题并未因此改善，她还是不快乐，还是在男士面前自卑，还是对婚姻缺乏安全感。

事实上，一个人美丽与否并不能决定婚姻的质量，更不能保证婚姻的稳固性。但美玲却没有进行自省，没有认真思考自己婚姻失败的原因到底是什么，反而本末倒置地去求助整容医生。其实，需要"整容"的是她的内心，而非她的外表。如果美玲没有意识到这一点，那么无论她怎么整容，怎么漂亮，她对婚姻都不会有安全感。

可见，自省对我们来说是何等的重要！不自省，就无法认识到自己的缺点与不足：就无法认识到自己的愚昧与无知。

自省的过程是一个自我检讨、自我反思、自我提高的过程。通过这个过程认识自己，打扫洗涤自己大脑中的"污垢"和"灰尘"，就可以少犯错误，使自己的道德品质日臻完善。唐太宗李世民曾以"以铜为镜，可以正衣冠；以史为镜，可以知兴衰：以人为镜，可以明得失"来自省。古代帝王尚能如此，我们现代人没有理由不做得更好。

"金无赤金，人无完人。"世界上没有十全十美的人，每个人都会有这样或那样的缺点和不足。一个懂得自律的人应该经常检查自己。对自己的言行进行反思，纠正错误，改正缺点，这是严于律己的表现，是不断取得进步的重要方法和途径。正如海涅所言："反省是一面镜子，它能将我们的错误清清楚楚地照出来，使我们有改正的机会。"因此，无论你是伟人还是平凡的老百姓，我们都应该学会反省，并且经常自我反省，这对我们每个人来说都非常重要。

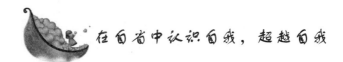

在自省中认识自我，超越自我

强者在自省中认识自我，在自省中超越自我。自省是促使强者塑造良好心态的内在动力。

自省是自我动机与行为的审视与反思，用以清理和克服自身缺陷，以达到心理上的健康完善。它是自我净化心灵的一种手段，情

第七章　自省——在反思中走向成功

商高的人最善于通过自省来了解自我。

自省是现实的，是积极有为的心理，是人格上的自我认知、调节和完善。

自省同自满、自傲、自负相对立，它不同于自悔、自卑这种消极病态的心理。从心理上看，自省所寻求的是健康积极的情感、坚强的意志和成熟的个性。它要求消除自卑、自满、自私和自弃及愤怒等消极情绪，增强自尊、自信、自主和自强，培养良好的心理品质。

自省者审视自我，使个性心理健康完善，摆脱低级情趣，克服病态畸形，净化心灵。自省有助于强者人格的完善和良好心理品质的培养，同时也成为强者的特征之一。

自我省察对每一个人来说都是严峻的。要做到真正认识自己，客观而中肯地评价自己，常常比正确地认识和评价别人要困难得多。能够自省自察的人，是有大智大勇的人。哲学家亚里士多德认为，对自己的了解不仅仅是最困难的事情，而且也是最残酷的事情。

平心静气地对他人、对外界事物进行客观的分析评判，这不难做到。但当这把手术刀伸向自己的时候，就未必能心平气静、不偏不倚了。然而，自我省察是自我超越的根本前提。要超越现实水平上的自我，必须首先坦白诚实地面对自己，对自身的优缺点有个正确的认识。

在人生道路上，成功者无不需经历过几番蜕变。蜕变的过程，也就是自我意识提高、自我觉醒和自我完善的过程。

人的成长就是不断地蜕变，不断地进行自我认识和自我改造。对自己认识得越准确越深刻，取得成功的可能性就越大。

在每个人的精神世界里，都存在着矛盾的两面：善与恶，好与坏，创造性和破坏欲。你将成长为怎样的人，外因当然起作用，但你对自己不断地反思，不断地在灵魂世界里进行自我扬弃的内省所起的作用是不能低估的。

任何只停留在外表的修饰美化，如改变口才、风度、衣着等，都无法使人真正得到成长。要彻底改变旧我，要成长为一个真正的人，必须有一颗坚强的心，来支撑着你去经历更高层次的蜕变。

一个真正成熟的人，应该在充分认识客观世界的同时，也充分看透自己。

常会遇到这样一些人，他们身上有些缺点那么令人讨厌：他们或爱挑剔、喜争执，或小心眼、好忌妒，或懦弱猥琐，或浮躁粗暴……这些缺点不但影响着他们的事业，而且还使他们不受人欢迎，无法与人建立良好的人际关系。

许多年过去了，这些人的缺点仍丝毫未改。细究一下，他们的心地并不坏，他们的缺点未必都与道德品质有关，只是他们缺乏自省意识，对自身的缺点太麻木了。

本来，别人的疏远、事业的失利，都可作为对自身缺点的一种提醒，但都被他们粗心地忽略了，因而也就妨碍了自身的成长。

用诚实坦白的目光审视自己，通常是很痛苦的，但也因此是难能可贵的。人有时会在脑子里闪现一些不光彩的想法，但这并不要紧，人不可能各方面都很完美、毫无缺点，最要紧的是能自我省察然后改正。

凡是对自身的审视都需要有大勇气，因为在触及到自己的某些弱点、某些卑微的意识时，往往会令人非常难堪、痛苦。不论是对自己、对自己的偏爱物、对自己的历史，都是这样。

但是，无论是痛苦还是难堪，你都必须去正视它。不要害怕对自己进行深入的思考，不要害怕发掘自己内心不那么光明甚至很阴暗的一面。

勇士的称号不仅属于手执长矛、面对困难所向无敌的人，而且属于敢于用锋利的解剖刀解剖自己、改造自己，使自己得到升华和超越的人。当然，自我省察不仅仅是对自己的缺点勇于正视，它还包括对自己的优点和潜能的重新发现。

每个人都有巨大的潜能，每个人都有自己独特的个性和长处。每个人都可以通过自省发挥自己的优点，通过不懈的努力去争取成功。认识自我，是每个人自信的基础与依据。即使你处境不利，遇事不顺，只要你的潜能和独特个性依然存在，你就可以坚信：我能行，我能成功。一个人在自己的生活经历中，在自己所处的社会境遇中，能否真正认识自我、肯定自我，如何塑造自我形象，如何把握自我发展，如何抉择积极的自我意识，将在很大程度上影响或决定一个人的前程与命运。

你可能渺小而平凡，也可能美好而杰出，这在很大程度上取决于你是否能够反省，以充分地认识自己。

认识自我，你会发现你就是一座金矿，你一定能够在自己的人生中展现出应有的风采。

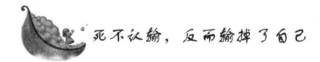

死不认输，反而输掉了自己

在生活中，一个人如果听惯了这些词汇：百折不回、坚韧不拔、前赴后继、永不言退……那么，他需要学会认输。

学会认输，就是知道自己在摸到一手差牌时，不要再希望这一局自己是赢家，而是尽量让对方得分少些，把自己得分的希望寄托在下次。可在实际生活中，能像打牌时这样明智的，却少之又少，想想看，你手上是不是正捏着一张，舍不得丢掉？

学会认输，就是车轮陷进泥塘里的时候，知道及时倒车，远远地离开那个泥塘。有人说，这个谁不会呀！但现实生活中，不会的人多了。那个泥塘也许是个死气沉沉的单位，也许是个没有前途的投资项目，也许是个"三角"或"多角"恋爱，也许是个当作家的梦……

学会认输，就是在被狗咬一口时，不去下决心也要咬狗一口；就是面对一堵即将到达的墙，赶快躲避；就是当恋人变心的时候，不再相信海枯石烂的誓言；学会认输，就是上错了公共汽车时，及时下车，另坐一辆。

有人会说，这有什么不懂，又不是傻子，不过在现实生活中，被另一类狗咬以后，很难做到不去跟狗较劲。一旦类似的情形不是在公共汽车上出现，自己就不太愿意下车了，比方说，如果有一个写了一半的剧本，一项正从事的发明。难！于是就努力向售票员证明是他的错，是他没有阻止自己登上汽车；于是就试图努力说服司机，要他改变行车路线；于是就下决心消灭这辆汽车，因为消灭一个错误也是一件伟大的事业；于是就坚持做到底，错误地以为在999次失败后，也许就是最后的成功。

人生道路上，我们常常被高昂而光彩的词句弄昏了头，以不屈不挠、百折不回的精神坚持死不认输，从而输掉了自己！学会认输应该是最基本的生活常识，这不是软弱，而是聪明。

 ## 从错误中解脱的良机

人生是个不断探索的过程，失败有时并不是由于你的能力、学识的不足，而是由于你错误地选择了目标，而失败正是给予了你一个重新思考从错误中解脱的良机。利用失败的契机，重新认识事业目标，堪称明智之举。

有这样一个著名的心理学实验，在这个实验中，有一批狗在一个很简单的任务上都失败了。

实验中，有一个很大的笼子，底是铁做的。笼子中间有一个铁栅栏，把笼子分为两半。把狗放进笼子的一边，在笼子底上通电，狗就受到电击，感觉到尖锐急剧的刺痛。一些狗受到电击后，会很快地跳到笼子的另外一边去，从而躲避了电击。在另一边受到电击时，这些狗又会很轻松地跳回来，到没有通电的一边去。这个任务是很简单的，随着通电的部位变化时，狗就在这个箱子中间跳来跳去，穿梭跳动以躲避电击。因此这个箱子也被形象地称为"穿梭箱"。但是，有另外一批同样的狗，它们在穿梭箱中受到电击时，不做任何跳跃和挣扎的动作，只会浑身发抖，低声哀鸣，一幅失败的可怜样。为什么这些狗会表现出这种任人宰割的惨相呢？原来，心理学家在把这些狗装进穿梭箱前，对它们进行了如下的操作：把这些狗拴在一根铁柱子上，时不时地用电刺激他们，狗受到电击后会挣扎、跳跃、咆哮，但是无论它们怎样挣扎，都摆脱不了电击的折磨，经过几天数十次的电击和无效的挣扎后，这些狗都放弃了努力，在受到电击时，只是趴在地上，瑟瑟发抖，低声哀鸣，再也不挣扎了。这时，再把这些狗放进穿梭箱中，对这种轻轻一跃就能摆脱的电击刺痛，它们也认了。这些失败的狗，挣不脱柱子，不进一步"调查研究"，就以为跳不过栅栏，犯了"逻辑错误"。

所谓失败，其实就是自己的一种感觉，是在通往目标的过程中，由于自己的行动多次受阻而产生的绝望感，是自己在自己心中滋养起来的障碍。如果我们在挫折之后对自己的能力或"命运"发生了怀疑，产生了失败情绪，想放弃努力，那么我们就已经失败了。

蜘蛛猿是一种很有趣的动物，它是生长在中南美洲、很难捕捉的一种小型动物。多年来人们想尽方法，用装有镇静剂的枪去射击或用陷阱捕捉它们，都无济于事。因为他们的动作实在太快了。后来，有人想出了一个办法，在一个窄瓶口的透明玻璃瓶内放进一颗花生，然后等待蜘蛛猿走向玻璃瓶，伸手去拿花生。一旦它拿到花生时，你就可以逮到它了。

因为当时蜘蛛猿手握拳头紧抓着那颗花生，所以它的手抽不出玻璃瓶，而那个瓶子对它来说又太大了，使它无法拖着瓶子走。但它十分顽固——或者是太笨了——始终不愿意放下那颗已经到手的花生。就算你在它身旁倒下一大堆花生或香蕉，它也不愿意放开手中那颗花生，所以，这时狩猎者便可以轻而易举地抓到它。

有些时候。为了追求更适合自己的目标，你就必须先放下手中的"那颗花生"。这不是见异思迁，而是你愿意改变一些习惯，使自己更有弹性，愿意在尝试新的方法之前，先放弃一些现有的利益。

 看清自己不如人的地方

一位作家的寓所附近有一个卖油面的小摊子。一次，这位作家带孩子散步路过，看到生意极好，所有的椅子都坐满了人。

作家和孩子驻足围观。只见卖面的小贩把油面放进烫面用的竹捞子里，一把塞一个，仅在刹那之间就塞了十几把，然后他把叠成长串的竹捞子放进锅里烫。

接着他又以迅雷不及掩耳的速度，将十几个碗一字排开，放佐料、盐、味精等，随后捞面、加汤，做好十几碗面前后竟没有用到5分钟，而且还边煮边与顾客聊着天。

作家和孩子都看呆了。

在他们从面摊离开的时候，孩子突然抬起头来说："爸爸，我猜如果你和卖面的比赛卖面，你一定输！"

对于孩子突如其来的谈话，作家莞尔一笑，并且立即坦然承认，自己一定输给卖面的人。作家说："不只会输，而且会输得很惨。我在这世界上是会输给很多人的。"

他们在豆浆店里看伙计揉面粉做油条，看油条在锅中胀大而充满神奇的美感，作家就对孩子说："爸爸比不上炸油条的人。"

他们在饺子饭馆，看见一个伙计包饺子如同变魔术一样，动作轻快，双手捏，个个饺子大小如一，晶莹剔透，作家又对孩子说："爸爸比不上包饺子的人。"

当我们放眼这个世界的时候，如果以自我为中心，很可能会以为自己了不起。可一旦我们把狂心歇息下了，用冷静的心来观察，就会发现我们是多么渺小，我们什么时候都能看清自己不如人的地方，那就是对生命有真正信心的时候。

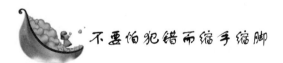

不要怕犯错而缩手缩脚

小张到美国学习2年，顺利地拿到硕士学位，随即应征到一份相当不错的工作。

公司的业务蒸蒸日上，正在迅速地拓展，工作环境好，报酬佳，而升迁的机会尤多。

以前与小张同一职位的两个员工，都已先后加俸晋爵，独当一面去了。

一个留学生身处异乡，能谋得这样好的差事，真是祖上积德，哪还能不兢兢业业，万事小心？一年很快过去了，万幸天下太平，无差无错。

年终老板召见，小张心中不由漾起希望："被提拔的二位同仁，做满一年，或多或少，总是犯了几件错，而我张某……"推开门，老板的笑容显得分外地亲切。

小张遵嘱侧身危坐，听候佳音。

"张先生，你一年的工作情形很好……"老板瞄了下桌上的人事卷，顿了顿，调整下语气："不过公司要紧缩人事，这是件很不得已的事，想必你能谅解。依照规定。你可以领3个月的遣散费。相信你很快地就会找到更好的工作。"

小张被这突如其来的震撼惊呆了，不知所措，还疑惑是听错了话。

停了好一阵，仗着胆，小张反问："您的意思是说我被炒鱿鱼了？我是犯了错误还是……"

小张的语气不由得激动起来："还是因为我是中国人，就被歧视？"

"歧视"在强调保障工作机会平等的美国社会，是一项严重的控诉，老板不得不重视这个问题。

"张先生，不要激动。公司从几百封征应函里选中了你。可以知道对于你们中国人绝没有一点歧视的意思。你确实没有犯什么过错。而事实上，就是因为没有犯错，公司才这么做。你知道公司正在大力的推展业务，亟须要独当一面、创业立业的人才。公司对于你的训练、你的学识都算满意，但是对于你做事的方式不能接受。

"我们都知道，人就是人，不是神。人都不能免于犯错。不犯错的人只有两种人：一种人不做不错，只知道在现成的路上跟着别人走，有错也让别人犯。这种人或许不会犯错，但也不会从尝试、错误中进步。另一种人不是不犯错，而是犯了错，隐藏蒙混得好，甚至强说那不是错……不管是哪一种，不犯错的人，都不是公司所需要的。"

一个人如果在思想上和行动上都具有独创的和革新的精神，那他就必须不怕犯错误。一个具有巨大能力来提出多种可能性，并能自由地表现自己热情地关怀这些可能性的人，对于所犯错误一定表现得大度。因害怕错误而缩手缩脚的人，常常会错失许多很好的机会。

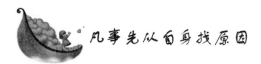

凡事先从自身找原因

任何人做事都想快一步达到目的，不想反反复复地返工，但是很多人都将返工的原因归结到别人身上，而从不在自身寻找原因。

一次施工过程中，师傅需要一把扳手，就叫来身边的小徒弟，对他说："去，拿把扳手来。"得到师傅的指令后，小徒弟飞奔而去。师傅焦急地等待着。过了许久，徒弟才气喘吁吁地跑回来，手里拿着一把巨大的扳手说："扳手真不好找！"

看到徒弟费了半天劲拿来的大扳手，师傅生气地说："这不是我需要的。谁让你拿这么大的扳手呀？"

小徒弟满肚子委屈，但没有说话。

师傅这时才意识到，自己叫徒弟拿扳手的时候，并没有告诉他扳手在哪里，也没说自己需要多大的扳手。吸取教训后，师傅明确地告诉徒弟，到某库房的某个位置，拿一个多大尺码的扳手。这次，没过多久，小徒弟就拿着师傅想要的扳手回来了。

这个故事中，师傅知道从自身找原因，因此很快就改过来了。现实生活中，许多人做事常常多次返工，返工后还不从自身找原因，反而责怪周围的环境，这是很不对的。先从自身找原因，想着怎样把事情第一次就做成，这才是最重要的。

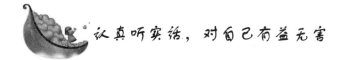

认真听实话，对自己有益无害

167

我们都很容易说实话，但难的是听别人说自己的实话。虽然实

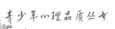

话有时令人伤心，但它胜过谎言。

听人说自己的实话是需要勇气的，也需要一份豁达，因为实话是真话，而真话往往是赤裸裸的、毫不掩饰的，这就难免使我们的某些阴暗面"被曝光"。因此，这个世界上说实话的人不少，但愿意听别人说自己实话的却不多。

一次，有几个人在酒馆里喝酒聊天。当谈论到某人时，认为某人品质不坏，唯一的缺点就是性子急，容易发怒。

正好这个人也来酒馆喝酒。进门时，他刚好听到了众人的议论。于是，他马上跑了过去，抓住刚才说自己性子急的人，举起手来就要打对方，说："我什么时候性子急了？我又什么时候容易发怒？"

发怒的原因虽然有很多种，但最容易使人发怒的原因恐怕莫过于听见别人说自己的实话了。没有几个人愿意虚心听取别人对自己的意见，尽管那些意见对自己很有价值与帮助。

很多时候，我们能容忍别人比我们升迁得快，比我们更早拥有名车、娇妻，但就是不能容忍别人说自己的实话。事实上，我们不可能"一贯正确"，听取别人的意见是很有必要的。别人的意见其实就是自己的风向标：听取别人的意见可以使我们更清楚地认识自己，了解自己，改正自己不良的行为习惯，这也是人性中必备的良好品德。

通过观察，我们不难发现，在我们周围的那些成功人士，他们之所以成功，除了比别人更努力之外，还具有我们所不曾具有的品质——听得进别人说的实话，能让别人说自己的实话，把别人说自己的实话当作至理名言！

很多人在遇到重大事情时，有立即作出决策的勇气，可是他们却往往没有听别人说真话的勇气，有时哪怕那些真话是善意的，或是只涉及到他们一个细微的缺点，他们也不愿意听。毫无疑问，抱着这种态度是不正确的，因为真话虽然有点"刺耳"，如果能认真地听进去，对自己是有益无害的。

『钻石』就在自身上

学会正确地评价自己

一个人能否正确地、客观地评价自己，是很难的事。因为有许多人总是或高或低地估计自己的能力，要么心太高，误以为自己能一下子做好几件大事；要么心太低，由于自卑作怪而误以为自己什么事也做不好。这都是导致人生挫败的重要因素。因此，我们要学会冷静地评价自己，发掘适合自己做的事情，这样才有可能准确地施展自己的计划，实现自己的梦想。

毕加索年轻的时候，他的画被很多人否定过，但是他说："我不认为我的画不好，我认为它是好的，我对它是极认真的，倾注了全部心血，也许它并不完美，但是我会继续努力，不断完善它。我不企求别人都肯定我的画，这是不可能的，但我知道总有人会欣赏我的画，我代表我自己，但也可能表现一群人的想法，尽管这群人不是很多，但毕竟有，所以，我迟早会被一些人肯定。"他最终成为了伟大的画家。

我们生命中成就的大小，大半看我们能否对自己有信心，能否拒绝一切足以损害能力、降低效率的精神敌人于心胸之外。

凡·高一生画了800幅油画和700幅素描，但他的全部作品在其生前仅仅卖出去了一幅。他的一生是在贫困潦倒中度过的，始终在和贫穷、困难和失败做顽强搏斗。在17年的绘画生涯中，他不在乎别人对他的评价，无所谓不被承认，他始终坚持画他的思想，画他对生活的认识，并强烈地意识到这才是他真正的职业。

经历了近百年的艺术考验，凡·高的作品成为了世界拍卖史上最昂贵的油画，争相被世界上各大博物馆收藏。

生活就是这样，我们要学会正确地评价自己。假如你现在的生活还不尽如人意，先不要在意别人的看法，你要相信自己的直觉，丰富自己的梦想，这样才会对未来有希望。

法国哲学家巴斯卡曾说："心灵具备某种连理智都无法解释的道

第七章 自省——在反思中走向成功

理。"因此，我们要敢于大胆地跟随梦想前进，别害怕自己的能力有限，但也不要盲目。假如物理难倒了你，你可能没有机会成为世了物理学家；假如你已经四五十岁了。你可能无法在职业篮球赛中闯出一番天下；但是我们还有许多梦想可供选择。

如果你觉得自己一无是处，那是你无能的表现。当然，也许我们没有贝多芬那样的天才，也没有毕加索和凡·高那样精湛的画技，但是天生我材必有用。当你对自己有信心时，生活也不会辜负你。

信心对每个人都很重要，因此，要相信自己在某些方面的能力，不要愁眉苦脸，不要满心忧虑，不要愤愤不平，不要对过去耿耿于怀，不要对未来忧心忡忡。尝试换一种获取成功的方式，你就会感到轻松和快乐。

经常想想什么事是你想做的，什么事是可以令你既觉轻松又乐在其中的，这有助于你去认知自己的才华，假如把这些才华运用在目标的追求上，成功的机会将会更多。

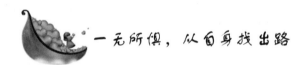

一无所惧，从自身找出路

大海涨潮，潮退时把海中的三条大个的金枪鱼搁浅到了浅水滩。

在浅水滩上，它们三个颇有些英雄气短，全没了往日的威风。

它们在一起商量，怎样才能使自己回到大海之中，它们希望能够借助再次涨潮的机会，逆水回到海中。可再次涨潮再等到什么时候还不知道，也许要这么等着，性命将岌岌可危了。并且现在它们的前面有条渔船挡住了道。

第一条金枪鱼使足了劲，用尽了浑身的力量，箭一般地从渔船上跳了过去，回到了大海。

第二条金枪鱼则潜伏在浓密的水草丛中，借机逃过了渔船。

第三条金枪鱼则躺在浅水滩上，心想渔船或许根本就发现不了自己，为什么要费那么大的劲呢？还是等涨潮再游回大海吧。

渔船经过浅水滩，把第三条金枪鱼捕捞走了。

第三条金枪鱼为自己的消极等待，付出了惨重的生命代价。

不要在消极地等待"天下掉馅饼"的事情了！你应该从自身找出路，这是自我解围的"终南捷径"！

往往把我们钉死在原地不动，让我们陷入低潮的，正是缘于无知的恐惧力量；只要能回过身来，看清楚自己的恐惧，究竟是什么，您将发现，一无所惧，原来竟是这么的容易！

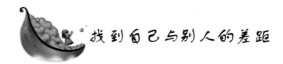

找到自己与别人的差距

善于找到自己与别人的差距，就等于找到了通向成功的阶梯。

在中国书法史上，明朝末年的董其昌占据着重要的位置。其书法作品精妙绝伦，影响了明末乃至清代近300年的书坛。董其昌之所以能成为杰出的书法家，与他年轻时因书法欠佳蒙受羞辱而发愤学习有直接关系。

董其昌自小聪颖过人，读书勤奋，从小到大文章写得特别好，受到众人称赞，董其昌自己也颇为得意。17岁那年，董其昌应考松江府秀才。他拿到题目，一挥而就，第一个交上了卷子。走出考场，他踌躇满志，以为第一名非他莫属。而评阅试卷的官员读了他的文章，也都赞不绝口，大多数人建议将其卷列为第一，而唯独松江知府衷贞吉不以为然："古人有言：心正则笔正；但又言：书品即人品。此生文章好虽是事实，但他书法实在欠佳，列第二名已是很了不得了。"

仅仅因为字写得差，便由第一名降为第二名，这件事对董其昌的刺激很大，他感到莫大的羞辱，从此发愤学书，并立志要成为一名书法家。此后三年，他刻苦学习，书艺突飞猛进，渐有名气。这时的董其昌又滋生了骄傲自满的情绪，自以为书法已接近古人，深得魏晋旨趣，以至不再把明代中叶的祝枝山、文征明等人放在眼里。

一次，他去京口拜访好友张觐辰。张觐辰是大学士，书法在当时也很有名。见面他就祝贺董其昌书艺进展神速。董其昌倒也并不谦虚。张觐辰谈及祝枝山、文征明的才学，赞不绝口，但董其昌却不屑地说："盛名之下，其实难副。张兄不必口口声声抬高别人，小视自己。"张觐辰知道董其昌恃才放旷，便有意说自己现藏有五代名家杨凝式的《韭花帖》。

董其昌一听来了精神，他早闻杨氏作品笔法道茂精能，点画生动，锋芒灼耀，结体新奇，但终未能见，今有如此好事，岂能放过？当张觐辰展开《韭花帖》，他便如饥似渴地伏案观摩。此帖仅有7行63个字，但董其昌看了一个多时辰还舍不得放下，他此时才深得名家作品的神韵，而自己的书法仅仅形似古人罢了。天色已晚，张觐辰见董其昌仍在专心致志地观看，便问他究竟感受如何，董其昌的脸刷地一下红了："真是不登泰山，不知道山高；不下入海，不晓得海深。今日多亏张兄，使我清醒过来。"从此他更加锐意进取，谦虚好学，终于成为举世公认的书法名家，清代的康熙和乾隆都对他十分推崇。

每个人都应当对自己有一个客观的评价，要勇于承认并找出自身存在的不足，即使事业有成的人，也不能目空一切，只有继续寻找差距，并及时采取措施弥补，才有可能保持领先地位，甚至独领风骚。

勇敢地面对自己的缺点

一天，一个农夫正弯着腰在院子里清除杂草，因为天气炎热，他汗流浃背。"可恶的杂草，假如没有你们，我的院子一定很漂亮，神为什么要造这些讨厌的杂草来破坏我的院子呢？"农夫嘀咕道。

有一棵刚被拔起的小草，正躺在院子里，它回答农夫说："你说我们可恶，也许你从没想到我们也是很有用的，现在，请你听我说一句吧。我们把根伸进土中，等于在耕耘泥土，当你把我们拔掉时，泥土就已经是翻过了。此外，下雨时，我们防止泥土被雨冲掉；干旱时，我们能阻止狂风刮起沙尘；我们是替你守卫院子的卫兵。如

172

果没有我们，你根本就不可能享受种花，赏花的乐趣，因为雨水会冲走你的渣土，狂风会吹散你的泥土……所以希望你在看到花儿盛开之时，能够想起我们的一些好处。"

农夫听了这些话后，不禁肃然起敬，他擦了擦额头上的汗珠微笑了，继续拔起草来。

任何事物都有好坏两方面，人生也是如此，每个人都有其自身的优点和缺点。优点同样值得珍惜和发挥，但缺点也不是可憎与可恼的，事实上，缺点往往还能刺激人生追求进步，或成为你拥有的某种"财产"。

犹如天使与魔鬼共生，黑夜与白昼伴行，优点总是与缺点形影相随。你为什么不勇敢地接受与面对自己的缺点，然后积极地克服、改造，甚至利用它呢？如果真的是无法改变，那为何不能坦然地加以容纳呢？怨天尤人，自暴自弃，只能产生更多的烦恼，在接受自我与控制自我之间平衡发展才是正确之道。

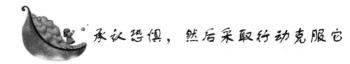

承认恐惧，然后采取行动克服它

成功的人和不成功的人对待恐惧是有所差别的，差别就在于对待恐惧的态度。成功的人承认恐惧，并努力找出产生恐惧的原因，以此决定他们能为前进道路上将要面临的挑战做出怎样的准备。他们决定采取一定的行动，使自己尽量感到充满竞争力和信心。

莉莉·沃尔特在她的《成功演讲家的秘密》一书中写道："充分的准备和预演将减少75%的恐惧。"她还说："深呼吸又会减少15%的恐惧，而剩余的10%可以通过精神上的准备来战胜它。"这些百分比可以使你的精神状态发生巨大的变化。

为了战胜恐惧，我们必须深入挖掘什么是我们最害怕的。只有找到产生恐惧的根源，冒些风险，我们才能真正建立起自信。当心理学家问一些年长的市民，对自己过去的生活有什么遗憾时，绝大多数人的回答是，他们最遗憾的就是：他们一直都没有去做他们最想做的事情。这说明萦绕存他们心头的是那些他们没有去冒的风险，而不是他们已经冒过的风险。

只有当人接受了最坏的情况之后，才会变得无所畏惧，才会寻找到一份久违了的轻松和平静。承认恐惧并努力找出产生恐惧的原因是我们所有人的一种自然生理反应，它使我们意识到我们不是要去逃避某些事情，而是需要准备如何应付某些事情。

成功的人和不成功的人对待恐惧是有所差别的，差别就在于对待恐惧的态度。承认恐惧，做好充分的准备，然后采取行动克服它，你就能减少很多遗憾。

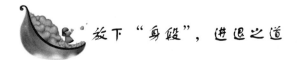

放下"身段"，进退之道

《菜根谭》中说："路径窄处，留一步与人行。"这便是一种进退之道。

以前，有一条大河，河水波浪翻滚。河上有一座独桥，桥很窄，仅用一根圆木搭成。有一天，两只小山羊分别从河两岸走上桥，到了桥中间两只山羊相遇了。但因桥面太窄，谁也无法通过，而这两只山羊谁也不肯退让。结果，两只山羊在桥上用角顶撞起来。双方互不示弱，拼死相抵，最终双双跌落桥下并被河水吞没了。

这则寓言看起来很简单，但蕴含着深刻的道理，这正是"径路窄处，留一步与人"的道理。在狭窄的路口处，不妨让别人先行，自己退让一步。表面看来，自己吃亏，但实际上，如果彼此都不相让，势必会两败俱伤，倒不如稍作退让，免去麻烦。"人情反复，世路崎岖。行不去远，须知退一步之法，行得去处，务得让三分之功。"（《菜根谭》）这种做法明为退，实为进，是一种比较圆滑的处世方法。一条道路本就狭窄，再加上拥挤更是无处下脚，若是自己退一步让人先走。那么自己也就相当于有了两步的余地，可以轻松走路。两相对照，自然是应选择有利于自己的做法。

退一步便是进三步。同样的道理，一个人只有放下"身段"，路才会越走越宽。人的"身段"是一种"自我认同"，并不是什么不好的事。但这种"自我认同"也是一种"自我限制"。也就是说："因为我是这种人，所以我不能去做那种事"，而自我认同感越强的人，自我限制也越厉害。千金小姐不愿意和女佣同桌吃饭，博士不愿意当基层业务员，高级主管不愿意主动去找下级职员，知识分子不愿意去做"不用知识"的工作……他们认为，如果那样做。就有损他们的身份。

其实这种"身段"只会让人把路越走越窄，像博士如果找不到工作，又不愿意当业务员，那就只有挨饿了。如果能放下"身段"，那么路就会越走越宽。

 埋没天才的不是别人，恰是自己

在那一届很权威的生活摄影大赛中，他终获金奖，从千千万万摄影爱好者中脱颖而出。

被音乐与掌声簇拥上台，谈获奖感想。他开口便说："那不是我最好的作品……"台下哗然，以为他狂，谁知他讲的是实情。"半年前家中失火，照片底片全部烧光。参加评比的那幅，是相册中夹不下，淘汰下来妻子拿到丈母娘家去，才得以幸存的。"

众人便折服于他的才气，想象在大火中化为灰烬的那些"最好的"，不知要好到怎样。

一个金奖让他信心倍增，下一届大赛前，他精选又精选，选出自己最得意的作品，却没有获奖。

再下一届，再再下一届，每回他都憋足了劲，却终究没能再获奖。

有人便想到，获金奖之前他也曾数度参加评奖，均空手而回。他唯一的那个金奖也许正因为"那不是最好的"，要是没有大火的淘汰，要是总按他自己的那个"最好"的标准。他也许永远与金奖无缘。

搏击一世却未获成功的人，会不会是因为，他生命中真正精粹的部分被自以为那不是最好的，而从未得以展示呢？很多时候，埋没天才的不是别人，恰是自己。

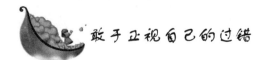

敢于正视自己的过错

阿红有一位朋友，在某软件公司当设计员。他发现自己设计出来的软件出了一个小错误。这个小错误的影响一般不会显示出来，只有当客户在桌面上同时处理多个文档时，才容易导致电脑死机，该软件已经上市，卖到了一些客户手中，如果他不说出来，谁也不知道他出了差错。但是，出于对公司长远利益的考虑，他冒着丧失名誉的危险，还是把这一失误告诉了老板。没想到，老板非但没有责怪他，还握着他的手，激动地说："您真是一个品德高尚的人。如果您不告诉我这件事，我可能永远都不会留意到软件中存在的这个问题。但您告诉了我，等于帮了我一个大忙。"

老板当即决定：对软件的错误修正后，免费提供给已购买这个软件的客户。此举在客户中赢得了很好的声誉。一时间，订单纷至沓来，生意好得超过预期。

世界上的事情常常跟我们想的不同：员工向老板承认自己的过失，公司向消费者承认过失，看起来会蒙受损失，实际上不一定如此。即使暂时蒙受了一点经济上的损失，但从长远来看，你赢得的是好的名声和信誉。

不少员工都存在这样一个弱点：喜欢为自己辩护、为自己开脱。而实际上，这种文过饰非的态度常会使你的老板对你的信任越来越远。而作为下级，如果敢于正视自己的过错，可能会更加得到领导的赏识与信任。

『钻石』就在自身上

在责任和借口之间选择责任

一个人如果总是习惯于为失败寻找推脱的借口，命运就一定会伺机报复他。所以，工作中一定不要轻易原谅自己的每一次差错，不为失败和过错找借口，不断地从失败中汲取经验和教训，这样才能做好自己的工作，获得领导的赏识。

丁彬是某外贸公司的采购员。一次他和泰国货商签完了订货单后，泰商又向他展示了一款草编凉帽，样式优美别致，夏季一定会受到女士的青睐。丁彬非常想订下来，但他却发现自己犯了个错误：他没有一次性在账户里存入足够的钱。他的主管是个非常严厉的人。该怎么向上司要钱呢？他找到主管简单地说明了情况，并承认了自己的失误。出乎意料的是，主管没有责备他一句，还很干脆地给他提供了一笔资金。后来草帽果然卖得很火，丁彬因此受到表扬。丁彬找到主管，他想知道，为什么主管愿意帮助他。主管严肃地说："因为当时你只是很干脆地说'我错了'，而没有推卸责任，没有找借口。因此我相信你一定会把事情做好！"

面对自己的失误，丁彬没有推脱责任，而是勇敢地承认了自己的错误，并勇于承担责任。结果他得到了主管的信任。承认错误、承担责任代表你会努力改过：而寻找借口则表示你还要继续粉饰你的错误。借口推脱的习惯，会把你推到失败的边缘。

在责任和借口之间选择责任，体现了一种对工作和生活的积极态度，同时也决定了你将会是个成功者。不要让借口成为你成功路上的绊脚石。搬开那块绊脚石吧！把寻找借口的时间和精力用到努力工作中来，因为工作中没有借口。人生中没有借口，失败没有借口。成功也不属于那些寻找借口的人！

第七章　自省——在反思中走向成功

第八章　自律——成功者都是严谨自律的人

　　要以细节律身，就是说，要在思想、学习、工作、生活的细节上严格要求自己。大凡仁人贤士，均循此道修身。

严于律己是良好的道德品质

"律己宜带秋风，处事宜带春风"，这是清代张潮在《幽梦影》中的一句名言。他用"秋风"、"春风"的比喻，告诫人们要严己宽人。严于律己，就是严格约束自己，自觉克制自己。这是加强自我修养、攀登道德制高点的阶梯。

律己的原则是"严"。做到这点，亦非易事，需从多方面加强修养。

（1）要以细节律身

要以细节律身，就是说，要在思想、学习、工作、生活的细节上严格要求自己。大凡仁人贤士，均循此道修身。

白居易在杭州任刺史三年间，不取民间一钱一物，政声颇好。当他离任回家，回首往事时，发现自己在杭州做了一件错事，即在游天竺山时带回了两片喜爱的山石。他想，如果游客都这么做，长此下去，那天竺山不就"山将不山"了吗！他觉得对不起杭州，对不起天竺山，便写了首《韵语秋阳》自省诗，诗云："三年为刺史，饮水复食叶，唯向天竺山，取得两片石，此抵有千金，无乃伤清白……"他感到，取这"两片石"，犹似侵吞了不义"行金"，伤了自己的"清白"。

白居易这种严于律己、细节律身的精神，着实可敬、可学。

（2）要以公律心

在我国历史上，以公律心的人物灿若星河。

元代政治家耶律楚材久居相位，是位"一人之下，万人之上"的人物。他为官廉洁，严于律己。有人劝他多提几个亲朋好友，他正色回答：对待宗亲应以金帛相助，不能擅自予以职权而违背法律。他当政期间，从未用过一个私人。他虽然当了30余年丞相，家中却一向清贫。他死后，安葬在北京玉泉山麓。到了清代，乾隆皇帝考虑到他的历史功绩，下谕修缮其墓，供后人景仰。

「钻石」就在自身上

这一历史故事告诉我们，耶律楚材之所以为后代所怀念，其重要原因是他能以公律心。同时也告诉人们，以公律心、以公克私是严于律己的核心。

（3）要以理律己

古人教导我们，要"以理律己，以情恕人"。"理"可以讲出很多条，最主要的是六个字——"利国、利民、利他"。凡是利国之事、利民之事、利他之事就去做，凡是误国、误民之事，凡是损人利己之事坚决不做。当然，也不一定一味过于苛求自己，成了一个谨小慎微的君子，这就活得太累了。自宽自慰也是人生课题中的应有之意，它将使人生气勃勃地投入美好的新生活。

一个严于律己的人，往往是严于解剖自己的人。我国自春秋战国至今，众多的志士仁人都以"克己"、"责己"、"律己"、"正己"作为修身的要义。并以自己的体会留下了许多令人深思的古训，诸如"责己要厚，责人要薄"、"归咎于身，刻己自责"、"责己重而责人轻"、"持己当无过中求有过"、"以责人之心责己"等等。我们应从这些古训中汲取营养，把它运用到自己的生活中去。尤其是当出现问题或发生矛盾时，自己要在主观方面多找原因，不要强词夺理，推诿客观。如果责任在自己，就要勇于承担。

严于律己是良好的道德品质。如果每个人在道德修养上都能自律，将有助于全民族水准的提高和良好社会风气的形成。

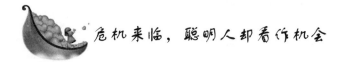

危机来临，聪明人却看作机会

对一个职场中人而言，出现危机是可怕的。但是，如果把握得好，你会发现这可能是你脱颖而出的一个最好的机会。

且看我们的金牌学员阿云的故事吧：

阿云大学毕业后进了一家公司当文员。没想到，工作不久，公司就因为投资失误，面临倒闭。公司开始不断裁员，人心越来越不稳定，有门路的纷纷找关系离开，没有人安心工作。甚至连老总的

秘书，也离他而去。

这时候，只有阿云一如既往的任劳任怨地工作，在老总的秘书离开后，她又主动地帮助老总处理好各种善后工作。最后，公司倒闭了，她也不得不离开公司了。

老总是一位60多岁的老先生，属于文人下海，没有经验，才导致了这次失败。老总心里很伤心，但是，对阿云的表现，十分感激，不仅在公司清盘之后，多给了她半年工资的报酬，还不断想法要帮助她安排一个好职位。不久，老总的一位学生从美国留学回来，准备在北京开一家大公司，要他推荐人才。他毫不犹豫地推荐了阿云。

阿云从新公司成立之初，就很受器重，而她也更加努力工作，从办公室副主任做起，不到两年就成为了那家公司的主管人事和行政的副总裁。

一次，公司招聘营销总监，阿云是主考官，其中一位前来应聘的人，竟然是阿云原来公司的副总经理。自从公司倒闭离开后，这位副总经理就一直没找到好位置。当他发现最后决定他此次应聘命运的主考官，竟然是原来单位不起眼的文员时，大为震惊，不由得大声感慨说自己上到了人生的一场很重要的课，并总结说："遇到危机，对于愚蠢的人是灾难，但对于聪明的人却是机会！"

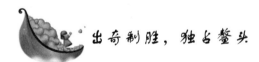

出奇制胜，独占鳌头

有一所学校，每年都要举行一次智力竞赛。这一年，智力竞赛又拉开了序幕。报名参加比赛的有几百名学生，竞争非常激烈。终于，百里挑一，全校选出了6名最聪明的学生，大家都等着看哪一位能获得第一名。

校长把参加决赛的6名选手带进了教学楼第一层，指着6间教室，又指指大门，说："我现在把你们分别关在6间教室里，门外有人把守。我看你们谁有办法，只说一句话，就能让门外的警卫把你放出来。不过有两个条件：

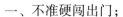

一、不准硬闯出门；

二、即便放出来，也不能让警卫跟着你。"

校长说完，微微一笑："好了，孩子们，请吧！"

6位学生各自走进了一间教室，思考着如何用一句话，就能让警卫叔叔放自己走出大门。然而，3个小时过去了，却没有一个人发出声响。正在这时，有个学生很惭愧地低声对警卫说："警卫叔叔，这场比赛太难了，我不想参加这场竞赛了，请你让我出去吧。"警卫听了，打开了房门，让他走了出来。看着这个临阵退缩的小家伙垂头丧气地走出了大门，警卫惋惜地摇摇头。

然而走出大门的小家伙随即又回来了，他走到大厅里，对校长说："校长，你看，按你的要求，我办到了！"校长伸出手一把抱起了这个孩子，高兴地说："孩子，你是这次竞赛的胜出者！你是最最聪明的！"

此例中的主人公运用了逆向思维，以退为进，很轻松地赢得了"最最聪明的孩子"的称号。

北京的一条街道上，同时住着3家裁缝，手艺都不错。可是，因为住得太近了，生意上的竞争非常激烈。为了抢生意，他们都想挂出一块有吸引力的招牌来招徕客户。

一天，一个裁缝在他的门前挂出一块招牌，上面写着这样一句话：北京城里最好的裁缝！

另一个裁缝看到了这块招牌，连忙也写了一块招牌，第二天也挂了出来，招牌上写的是：全国最好的裁缝！

第三个裁缝眼看着两位同行相继挂出了这么大气的广告招牌，抢了大部分的生意，心里很是着急。这位裁缝为了招牌的事开始茶饭不思，"一个说北京最好的裁缝，另一个说全国最好的裁缝，他们都大到这份上了，我能说世界最好的裁缝？这是不是有点儿太虚假了？"这时放学的儿子回来了，问明父亲发愁的原因后，告诉父亲不妨写上这样几个字。

第三天，第三个裁缝挂出了他的招牌，果然，这个裁缝从此生意兴隆。

招牌上写的是什么呢？原来第三块招牌上写的口气与前两者相

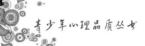

比很小很小：本街最好的裁缝！

"本街"最好，那就是这三家中最好的。你看，聪明的第三家裁缝没有再向大处夸自己的小店，而是运用了逆向思维，在选用广告词时选了在地域上比"全国"、"北京"要小得多的"本街"一词。这个小小的"本街"却盖过了大大的"北京"乃至大大的"全国"。

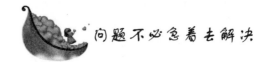

问题不必急着去解决

有时候，"放下问题"或许就是"解决问题"。

两个男孩因为贪玩，耽误了上课时间。一个说，现在赶回去一样也是迟到，索性玩下去算了。另一个虽然觉得这样不妥，但是想到难缠的班主任老师盘问起来没个完，一时也想不出怎样对付，再说正玩在兴头上……

两个男孩玩了一整天。回家路上，他们谁也不跟谁说话，各自心里打着算盘，回去怎样向父母交代。

一个想，此刻，也许班主任老师正在往他家里打告状电话……爸爸放下电话，一屁股在电话机旁边的沙发上坐下来，然后摸出香烟来抽。正常情况下，妈妈只允许他在阳台上抽烟。除非是这种"非常时候"他才可以得到妈妈的"豁免权"。总之，今天晚上的日子不会好过。其实他能说的只有一句话：旷课是错误的，以后我改正。可是，说与不说效果差不多，非得承受几个小时的"折磨"。转念一想，有了！前几天数学测验得了个满分，回去先"报喜"，然后再承认今天的错误。想不到这个先声夺人"将功补过"的招数果然奏效。

另一个男孩就不那么幸运了。这一路上他为自己设计好几套说词，企图蒙混过关。比如，路上捡到了钱包，为了等失主……最后还是决定把责任推给他的"同谋"，要不是他的撺掇，最多是"迟到"，何至于"旷课"呢？当然，他的父母没有因此而原谅他，理由很简单，自己犯了错，还往别人身上推，错上加错。

有一幅漫画，画着一架飞机和一只小鸟并头齐飞，题目是：懂得如何放下问题的人，胜过知道怎样解决问题的人。飞行员看到迎面而来的小鸟，与其绞尽脑汁怎样对付它，不如转身顺着它一起飞。大概这就是这幅画的意思吧。

 ## 对最坏的结果有所准备

每当面临使我们忧虑的难题时，首先要问问自己："可能发生的最坏情况是什么？"如果你必须接受的话，就准备接受它。一旦我们对最坏的结果有所准备，那么，我们就不会再焦虑了。其实，人"只有享不了的福，没有受不了的罪"！

吉米是纽约的一个油商，他向朋友讲述了自己的经历。

"我被敲诈了！"他说，"事情是这样的：我主管的石油公司里有些运油司机把应该给顾客的定量油偷偷克扣下来卖掉。一天。一个自称是政府调查员的人来找

我，向我要红包。他说他掌握了我们运货员舞弊的证据。这时我才知道公司存在这种非法的买卖。

"当然这与我个人没有什么关系，但我知道法律有规定，公司必须为自己职工的行为负责。而且，万一案子打到法院，上了报，这种坏名声就会毁了我的生意。

"当时我急得生了病，整整3天3夜吃不下睡不着。我是该付那笔钱——5000美金；还是该对那个人说'你想怎么干就怎么办吧！'呢？我一直拿不定主意，每天都做噩梦。

"星期天晚上，我随手拿起一本书：《怎样不再忧虑》。我看到这样一句话：'面对最坏的情况。'于是我问自己：'如果我不给钱，那些勒索者把证据交给地检处的话，可能发生的最坏情况是什么呢？'答案是：毁了我的生意——仅此而已。

"于是，我对自己说：好了，生意即使毁了，但我在心理上可以承受这一点，接下去又会怎么样呢？大不了另外找个工作。这也不

难；我对石油行业很熟悉——几家大公司也许会雇用我……我开始感觉好过多了，3天3夜来的那种忧虑也开始逐渐消散。

"我清醒地看到了下一步——改善不利的处境。我思考解决办法的时候，一个崭新的局画展现在我的面前。如果我把整个情况告诉我的律师，他也许能找到一条我没有想到的新路。我立即打定主意——第二天一早就去见我的律师。接着我上了床，睡得安安稳稳。

"第二天，我的律师让我去见地方检察官说明情况，当我说出原委后，出乎意料地听到地方检察官说，这种勒索已经连续几个月了，那个自称是'政府官员'的人，其实是个警方的通缉犯。

"这次经历给找上了终身难忘的一课。现在，每当我面临会使我忧虑的难题时，都会首先想想：可能发生的最坏情况是什么。"

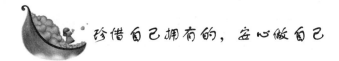

珍惜自己拥有的，安心做自己

人们总渴望获得那些本不属于自己的东西，而对自己所拥有的不加以珍惜。

佛祖经常听到尘世间万物抱怨自己命运不公的声音，于是就问众生："如果让你们再活一次，你们将如何选择？"

牛："假如让我再活一次，我愿做一只猪。我吃的是草，挤的是奶，干的是力气活，有谁给我评过功，发过奖？做猪多快活，吃罢睡，睡了吃，肥头大耳，生活赛过神仙。"

猪："假如让我再活一次，我要当一头牛。生活虽然苦点，但名声好。我们似乎是傻瓜懒蛋的象征，连骂人也都要说'蠢猪'。"

鼠："假如让我再活一次，我要做一只猫。吃皇粮，拿富饷，从生到死由主人供养，时不时还有人给他送鱼送虾，很自在。"

猫："假如让我再活一次，我要做一只鼠。我偷吃主人一条鱼，会被主人打个半死。老鼠呢，可以在厨房翻箱倒柜，大吃大喝，人们对它也无可奈何。"

鹰："假如让我再活一次，我愿做一只鸡，渴有水，饿有米，住有房，还受主人保护。我们呢，一年四季漂泊在外，风吹雨淋，还要时刻提防冷枪暗箭，活得多累呀！"

鸡："假如让我再活一次。我愿做一只鹰，可以翱翔天空，任意捕兔捉鸡。而我们除了生蛋、司晨外，每天还胆战心惊，怕被捉被宰，惶惶不可终日。"

女人："假如让我再活一次，一定要做个男人，经常出入酒吧、餐馆、舞厅，不做家务，还摆大男子主义，多潇洒！"

男人："假如让我再活一次，我要做一个女人，上电视、登报刊、做广告，多风光。即使是不学无术，只要长得漂亮，一句嗲声嗲气的撒娇，一个朦胧的眼神，都能让那些正襟危坐的大款们神魂颠倒。"

佛祖听后，大笑起来，说道："一派胡言，一切照旧！还是做你们自己吧！"

其实，每一个生命的个体之所以存在于这个世界上，自有它存在的意义；每一个人所得的上帝一样不会少给，不该得的，绝不会多给。因此，安心做自己的人，才是智慧的人。如果总是把目光盯在别人身上，就会在失去做自己的同时，也失去了做人的快乐。

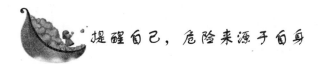

提醒自己，危险来源于自身

曾听过一个故事：

一个老太太坐在马路边望着不远处的一堵高墙，总觉得它马上就会倒塌，很危险。于是见有人向那里走过去，她就善意地提醒："那堵墙要倒了，远着点走吧。"被提醒的人不解地看着她，大模大样地顺着墙根走过去了——那堵墙没有倒。老太太很生气："怎么不听我的话呢？"又有人走来。老太太又予劝告。3天过去了，许多人在墙边走过去，没有遇上危险。第四天，老太太感到有些奇怪，又有些失望："它怎么就不倒呢？眼见着要倒啊！"她不由自主地走到墙根下仔细察看。然而就在此时，墙终于倒了，老太太被淹埋在灰尘砖石中，气终身亡。

　　提醒别人时往往很容易，很清醒；能做到时刻清醒地提醒自己却很难。所以说，许多危险来源于自身，老太太的悲哀便因此而生。

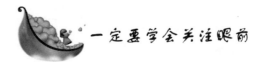

一定要学会关注眼前

　　那次跟随父亲步行去很远的地方，途中要翻过一道高高的山梁。

　　走了两个多小时了，还没翻过那道山梁，望着遥遇无际的前方，我疲乏地说："我浑身上下一点儿力气也没有了，怕是天黑也走不到目的地了。"

　　父亲威严地命令道："别往前瞅，低头看路，下了山梁，一会儿就到了。"

　　我按父亲说的做了，不再一次次地眺望远远的目的地，而是两眼看着脚下的路。一路欣赏着那些形状各异的沙石和花草，不知不觉地就到终点了。这时，我竟感到身上似乎还有很多的力气，根本没有像自己想象的那样累趴下。

　　当你向一个大目标挺进时，不妨将心中的大目标分解成无数个眼前具体可见的小目标。道理很简单：一个关注远方的人，首先一定要学会关注眼前。

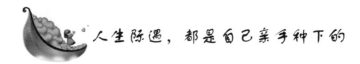

人生际遇，都是自己亲手种下的

　　人生际遇或后悔或庆幸，都是你自己在有形或无形中亲手种下的，你日常的所作所为，就是你将来手中的石头或黄金。

　　为了示人快乐与痛苦的关系，在一个旅行者要远行的时候，智者把他领到一座金库门前，对他说：

　　"你可以随便拿取。但是有一个条件，你必须在路上永远带着它

『钻石』就在自身上

们，陪伴你的全部旅程，不能丢弃。"

于是旅行者拿取了 3 块黄金。他很遗憾，由于行囊太多，他只能拿取 3 块。

可是就在旅行者行程的第二天早晨，一梦醒来，黄金全部变成了石头。这些石头对他来说毫无用处。

旅行者在不得不背负石块前行的痛苦中，也暗自庆幸自己毕竟只拿了 3 块。

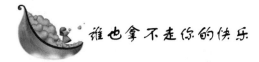 谁也拿不走你的快乐

岁月如流，人生苦短。对酒当歌，人生几何？由此，一些人逃避生活，另一些人则全心全意地献身于它。

阿红有一个女同学，因为家里贫困，很早就退学嫁人了。大家猜想她一定是个愁肠百结的女人了，就一起相邀去看她。谁知一看，她竟是一副很满足的样子，有一个爱她的丈夫，有一个可爱的小男孩，这就是一个女人认为的幸福了。

日子一天天消逝，后来她的丈夫在一场大病中离她而去，再后来儿子因车祸进了监狱。阿红又猜想她这回一定很痛苦了。有一次阿红路过她家，特地进去看她。她容颜苍老了许多，额头过早地爬上了一条条皱纹，但她办起了一个托儿所。在与阿红谈话间，她一会儿抱抱这个，一会儿拍拍那个，满屋子孩子幸福地欢笑，都在她的眼睛里流泻出来。

她的生命遭遇了那么多的打击，但她却从来不曾远离幸福！

如果谁也拿不走你的快乐、你的自信和你内心的宁静，那么，你已经强大到不可征服。

面对当今越来越复杂、越来越纷乱的社会，在背负巨大心理压力的同时，我们经常还会碰到各种各样的困难和挫折；如下岗失业、家庭变故、婚姻失败、学业不顺、经济问题等诸多问题。当这一切突如其来无法解决时，一切取决于我们内心是否强大。

是的，每个人的一生都会遇到诸多的不顺心，个性悲观消极的人在遇到困境时，看不到的前途的光明，抱怨天地的不公，甚至破罐子破摔，在精神上垮掉；而个性积极乐观的人在遇到困境时，能够泰然处之，认定活着就是一种幸福，无论是顺境还是逆境，都一样从容安静，积极寻找生活的快乐，不浪费生命的一分一秒，于黑暗之中向往光明，在精神上永远不会垮掉。

"谁也别想把黑暗放在我面前，因为太阳就生长在我心底。"这是一句挺美的歌词，它说出了快乐和幸福的真谛。

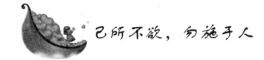

己所不欲，勿施于人

西方不少哲人十分欣赏孔子说过的一句话——"己所不欲，勿施于人。"他们认为这是一种充满了与人为善的博爱与民主精神。这句话的意思是说，凡是自己不愿意做、不愿忍受的事，就不要强加到别人身上，因为别人和你一样，对强加给他的东西，同样是不愿做也不愿忍受的。孔子认为，只有这样，才能"在邦无怨，在家无怨"，也就是说，无论在社会上，还是在家庭中，都不会招致怨言。

山姆·道格拉斯的太太总是喜欢花很多时间整修草地。道格拉斯先生批评她说："你一个星期修剪两次，但是草地看起来并不比四年前刚搬来时好看多少！"太太听后大为不快。他每次这样说时，晚上的和睦气氛必定被破坏殆尽。

后来，道格拉斯在一本书中看到一句话："站在他人的角度上思考人和事！"他开始明白了自己的愚蠢，他从来没想到太太修整草地的时候自有她的乐趣，以及她渴望自己的劳动能得到别人的用心赞赏！

一天，吃完晚饭之后，他太太说要去除草，问他可不可以陪她一起去。他先是拒绝了，但是稍后又想了一下，改变了主意。太太显然极为高兴，两个人一同辛勤地工作了一小时。自那以后，他常常帮助她整理草地，并且赞扬她把草地整理得很好看，把院中的泥土弄得像水泥地一样平坦。这些有很多并不是他的由衷之言，但不可否认，他们两人以前的不快消失了。一起劳动，还有他的赞美，为他们的生活增添了更多的乐趣与和谐。

站在别人的角度上思考就是要推己及人，设他人之身，处他人之地。如果你能从别人的角度多想想，你就不难找到妥善处理问题的方法，因为你和别人的思想沟通了，就有了彼此理解的基础。要求别人之前，请先要求自己；责怪别人之前，请先责怪自己。

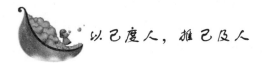

以己度人，推己及人

美国的欧文梅说："一个人能从别人的观点来看事情，能了解别人的心灵活动，就永远也不必为自己的前途担心。"生活中，我们要学会体谅别人，以别人的观点来看事情。这样一来，人与人之间的摩擦和冲突就会减少很多，人与人之间的关系也会变得更加和谐与融洽。

战国时，梁国与楚国交界，两国在边境上各设界亭，亭卒们也都在各自的地界里种了西瓜。梁亭的亭卒勤劳，锄草浇水，瓜秧长势极好；而楚亭的亭卒懒惰，不事瓜事，瓜秧又瘦又弱，与梁亭瓜田的长势简直不能相比。楚亭的人觉得没有面子，有一天乘夜无月色，偷偷跑过去把梁亭的瓜秧全给扯断了。

梁亭的人第二天发现后，气愤难平，向县令宋就报告，说我们也过去把他们的瓜秧扯断好了！宋就说，这样做当然很能解气，可是，我们明明不愿他们扯断我们的瓜秧，那么为什么再反过去扯断别人的瓜秧？别人不对，我们再跟着学，那就太狭隘了。你们听我的话，从今天起，每天晚上去给他们的瓜秧浇水，让他们的瓜秧长得好。而且，你们这样做，一定不要让他们知道。梁亭的人听了宋就的话后觉得很有道理，于是就照办了。

楚亭的人发现自己的瓜秧长势一天好过一天，仔细观察后发现每天早上地都被人浇过了，而且是梁亭的人在黑夜里悄悄为他们浇

191

的。楚国的县令听到亭卒们的报告后，感到十分惭愧和敬佩，于是把这件事报告了楚王。

楚王听说这件事后，感于梁国人修睦边邻的诚心，特备重礼送给梁王既以示自责，也用来表示酬谢，结果这一对敌国成了友好的邻邦。

由此可见，以己度人、推己及人，就能获得别人的尊重，和别人和睦相处，甚至能够化敌为友。在社会上，特别是对于初涉世事的青年来说，常常会做出这样的反应：对社会充满茫然，总是时时处处小心翼翼，左顾右盼地想找出人事上的参照物来规范自己，约束自己。这种反应当然是正常的。但是有时候以此为参照反而会导致初衷与结果南辕北辙。因为在不同人的眼中，自己的位置是各不相同的，并没有统一的标准。

这时，你就可以采用"己所不欲，勿施于人"的原则，在日常工作和生活中，多问一下自己：做这件事产生的后果会怎样呢，如果自己能够接受，那么别人也大概能够容忍；如果自己都不能容忍，那么别人肯定也不愿接受。

要想钓到鱼，就先要问问鱼想要吃什么，不想吃什么。我们许多人都有过钓鱼的经历和经验。鱼饵很重要，但选择鱼饵不是根据钓鱼者的口味爱好，而是要考虑到鱼想吃什么，喜欢吃什么，这样才能让鱼儿乖乖地上钩。

世间万物都是相通的。我们在与人交往中，特别喜欢结交那些了解自己，顺着自己喜好的人。同样，我们也应该站在对方的立场上，考虑他们喜欢什么，不喜欢什么。

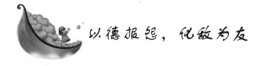

以德报怨，化敌为友

一位名叫西蒙的钢材商人，由于另一位对手的竞争而陷入困境。

对方在他的经销区域内定期走访建筑师与承包商，告诉他们：西蒙的公司不可靠，他的钢材块不好，生意也面临即将歇业的境地。西蒙对别人解释说他并不认为对手会严重伤害到他的生意。但是这件麻烦事使他心中生出无名之火，真想"用一根钢材来敲碎那人肥胖的脑袋作为发泄"。

"有一个星期天早晨，"西蒙说，"牧师讲道时的主题是：要施恩给那些故意跟你为难的人。我把每一个字都仔细听了。就在上个星期五，我的竞争者使我失去了一份30吨钢材的订单。但是，牧师却教我们要以德报怨，化敌为友，而且他举了很多例子来证明他的理论。当天下午，我在安排下周日程表时，发现住在阿肯色州的一位我的顾客，正因为盖一间办公大楼需要一批钢材，而所指定的型号却不是我们公司制造供应的，却与我竞争对手出售的产品很类似。同时，我也确定那位满嘴胡言的竞争者完全不知道有这笔生意机会。"这使西蒙感到为难，需要遵从牧师的忠告，告诉给对手这项生意的机会，还是按自己的意思去做，让对方永远也得不到这笔生意？西蒙的内心挣扎了一段时间，牧师的忠告一直盘踞在他心田。最后，也许是因为很想证实牧师是错的，他拿起电话拨到竞争对手家里。

接电话的人正是那个对手本人，当时他拿着电话，难堪得一句话也说不出来。西蒙还是礼貌地直接地告诉他有关阿肯色州的那笔生意。结果，那个对手很是感激西蒙。

西蒙说："我得到了惊人的结果，他不但停止散布有关我的谎言，而且甚至还把他无法处理的一些生意转给我做。"西蒙的心里也比以前好受多了，他与对手之间的阴霾也获得了澄清。以德报怨，化敌为友。这就是迎战那些终日想要让你难堪的人所能采用的最上策。

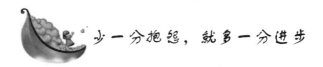

少一分抱怨，就多一分进步

有人做过一个调查，在心情郁闷时该如何处理？

有一位女士说，她都是回家跟先生诉苦，把委屈一五一十地抒发出来。

结果他嫌我唠叨，老是抱怨不止，他说实在受不了，后来就跟我离婚了。真是个意外的结局。

你也常跟人诉苦吗？你通常是别人诉苦的对象吗？心情低潮的时候找个人聊聊，的确能抒发怨气，调整心情，这是个不错的妙方。这在心理学上被称为利用社会支持系统（也就是支持关心我们的亲朋好友），这绝对比一个人闷着任凭委屈啃噬心情来得好。

但你一定也有这样的经验，如果只是疲劳轰炸式地倾倒情绪垃圾，诉苦往往会造成"听者愈来愈烦，说者愈来愈苦"的两败俱伤惨状。

因此，诉苦要发挥效果，必须掌握技巧。在还未了解其中的诀窍时，请别任意开口诉苦，以免愈诉愈苦。

怎么清除坏情绪呢？首先，请先自言自语，整理情绪。恼人事件刚发生后，一时间情绪激动不已，这时该找个四下无人之处，先一个人自言自语一番，把心情理出头绪后，再做与人分享的打算。要是立刻就气冲冲地去打扰亲朋好友，很容易因为太情绪化而不知所云，甚至可能会把对方当成了出气筒，错把亲人当敌人，这怎么对得起关爱你的人们？

接着，按照顺序明确诉说：当找到了可谈心的对象，此时就该发挥有格调的诉苦功力。

例如，一大早就莫名其妙被主管训斥一顿的你，跟同事开口发牢骚，就先从事情经过谈起："今天不知道怎么搞的，一大早进办公室，主管就不分青红皂白地对我大吼大叫，还骂我是猪头，真是莫名其妙！"接下来要谈的是自己的想法，当时我有什么念头呢？"我那时就觉得奇怪了，大家都这么做，为什么你不对别人发脾气，却只找我一个人的麻烦？分明就是对我有成见嘛！"

接下来，反省一下自己的心情："所以我觉得火大极了，是可忍，孰不可忍！"最后，别忘了想想你打算怎么做："唉！以后我最好躲他远一点，以免又遭殃。"

这个诉说的过程，不但能把心中的苦"说清楚、讲明白"，更重要的是能有助于我们自己理清思绪，检视情况，真正的走出情绪低潮。

"钻石"就在自身上

诉苦对心情是否有正面的功效，其关键在于诉说完后，是否对事情有了新的认知。

不要无事自寻烦恼，不做无谓的希求，无端的感伤，而是要奋勉自强，保持自己的个性。

不健康的诉苦，只是重复自己的悲惨情绪，而反复的回味容易加深这份不悦感，造成"愈说愈气、愈诉愈苦"的情形。心情指数不但不上扬，反而还下滑。而如果在每次诉说心情后，因为换了个角度来重新检视事情始末，而有了新的体会及认识，也就修正了原先的想法，才能"诉完苦，就不再苦"。

举个例来说，原先你的想法是："这主管每一次都刻意刁难我，分明就是对我有成见……"可是诉苦时，说着说着你突然发现，其实主管有时候对我也还不错，说"每一次"都刁难我，好像言过其实了些。咦，那么"分明有成见"的结论似乎也太武断了点……嗯，也许他只是今早心情不好，我刚好被台风尾扫到罢了。在对事情有了新的认知后，心情自然跟着好转，恭喜你，这次的诉苦就宣告成功！

因此，在诉苦的同时，请听听他人的建议，从不同的角度来思考，重新给事件下个新的定义。最后也想提醒你，在倾诉完后，别忘了要谢谢你的听众："谢谢你这么有耐心地听我说话，跟你谈谈我觉得很有收获，心情也比刚才好多了，多亏了你的帮忙。"确实，没有对方的耐心及关怀，我们不会好得这么快，当然得感谢他这份用心，回报一下对方的热情付出。健康的诉苦受人欢迎，听者说者双赢，当然最好是根本就不要诉苦，不诉苦才是正途。

诉苦之外，生活中还比较常见的就是抱怨。研究发现：乐观的人所列出的烦恼事项远少于一般人，而他们花在抱怨的时间，也远远少于一般人。

这给了我们什么样的启示呢？乐观的人在面对挫折的时候，不会花时间去怪东怪西，他们共同的态度是"没时间怨天尤人，因为正忙着解决问题"。而当我们少一分抱怨，就多一分进步，这也正说明了为何乐观的人比较容易成功，因，为他们的时间及精力永远用来改善现状。所以，要培养乐观心态一点也不难，请就从现在开始，把注意力的焦点从"往后看怨天尤人"改为"向前望解决问"题"就行了。实际的做法则是闭口不提:"为什么总是我……",而用另一句话来代替:"现在该怎么办会更好?"在面对不如意时,只要改变这一个重要的思考点,你会发觉自己的忍受力将大为增强,而更容易从逆境中走出来。

能设身处地为人着想、了解别人心意的人,永远会不计较、不比较、让自己自由快乐,因为他们知道,快乐的人生才是真人生!不晓得你是否也观察到,许多人往往得理不饶人,因为他们常觉得"我有道理,干吗对你让步?是你自己不对啊!所以是你要认错道歉。"

因为有这样"讲理讲到你头痛"的念头,所以经常到处去跟别人理论,不断地炮轰对方"我是对的,你是错的";而也正因如此,常常会导致妻离友散,心情一团混乱。到底是原则重要,还是心情重要呢?我倒是觉得,做人的确要有原则,只不过情商高手更懂得用选择战场来表现自己的原则,而不是处处计较,反而赔上心情。

所以,如果是一些不重要的小事,不妨提醒自己,要理解和宽容一些,因为仁慈的人才比较容易保持快乐的心境。例如:你说上次见面是星期三,朋友却认为是星期五,双方因此而错过见面的时机,你挺有把握是他记错了,这下怎么办?简单,这是小事,于是笑笑过去,不就好了吗?还有,同事一周前答应今天下班要陪你去看电影,结果你兴致勃勃,他却一脸茫然说忘了。他的确不该说话不算话的,怎么办呢?想想还是小事一桩,于是笑笑告诉他,下回看电影他付钱啦!

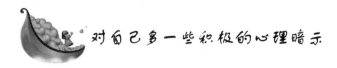

对自己多一些积极的心理暗示

"加油!加油!"这是我们常在运动场上听到的一句话。呼喊的人心潮澎湃,听到的人热血沸腾。这是对奋斗的鼓舞,这是对成功的鞭策。我们在人生的道路上,也应给自己喊几声"加油"。

有人把人生的奋斗道路比作"方程式赛车大赛"，那么，中学时期无疑是这比赛起始阶段的关键一环。这个时期，你有着很多希望，有着很多精力，有着很强的冲劲，有着很大的潜力。这个阶段，你要看好路图，把稳舵盘，加大油门，一往无前。冲到第一队列中去，应该是你奋斗的目标；在竞争中不掉队，应该是你起码的誓言。这个时期，你的生命之车正新、青春马达正劲、奋进的车轮正疾、拼搏的能源正足。正是：此时不搏，更待何时！既然你已经懂得了人生只有一次，那么，你就没有理由只作路边的看客，而应该像雏凤凌空、白驹越溪一样，义无反顾地投身到锻炼自己、完善自己的竞争和挑战中去。"给自己加把油吧！"——这是我们应该常在内心呼喊的话语。

"给自己加把油"，是因为成功的路要靠自己去走。"条条大路通长安"也好，"条条大道通罗马"也好，总归要靠你自己迈动双腿，抖擞精神，跋山涉水走过去。神话中的"飞毯"不能帮你走过去，现代化的飞机也不能帮你走过去。因为奋斗的汗水是不能代洒的，成功的奖章也是不能代领的。你知道张骞通西域，是穿越大漠风沙一步步走过来的；你知道唐僧取经，是历尽艰险一步步走过来的；你也知道红军长征，是爬雪山过草地一步步走过来的。世界上有些事情可以请人代劳，而有些事情却是无法请人代替。人生之旅，奋斗之途，成功之路，是寻不到帮办，觅不到替身，找不到代理的。

"给自己加把油"，因为成功的路并不平坦，并不笔直，而且常有坎坷，常有崎岖。有平川，也有低谷；有高山，也有密林；有旱路，也有水路；有坦途，也有险区。路好走时，你要快马加鞭，日夜兼程；路难行时，你要开路架桥，披荆斩棘。有时你和路人同行，可以戮力通险，共度迷津；有时你只是孤身一人，也应一鼓作气。你知道孔子周游列国，曾经"困于陈蔡之间"，但妨碍不了他的学说播布天下；你知道屈原流放泪罗，仍然"虽九死而不悔"，用剥夺不了的才华留下传世《离骚》；你知道毛泽东带队伍上井岗山，"敌军围困万千重，我自岿然不动"，终于迎来革命形势的转机，使中国革命的"星星之火"成为"燎原"之势；你知道鲁迅捍笔斗群顽，

197

"横眉冷对千夫指",才成就了新文学的巨匠、新文化的先驱。奋斗的路尽管不平坦,但也并非"蜀道之难难于上青天","愚公移山"的决心和行动终能感动"上帝",你的坚定步履也终将叩响成功的门扉。

操场上,书本中,实践里;社会上,家庭里——处处是我们人生的跑道,处处是我们前进的阶梯。给自己加把油,这就是说,提高自己的信心,增强自己的勇气,保持冲劲,勇往直前!并在前进的路上,不停地喊"加油"。

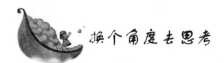

换个角度去思考

有一天,有森林之王之称的狮子,来到了天神面前说:"我很感谢你赐给我如此雄壮威武的体格、如此强大无比的力气,让我有足够的能力统治这整座森林。"

天神听了,微笑地问:"但是这不是你今天来找我的目的吧!看起来你似乎为了某事而困扰呢!"

狮子轻轻吼了一声,说:"天神真是了解我啊!我今天来的确是有事相求。因为尽管我的能力再好,但是每天鸡鸣的时候,我总是会被鸡鸣声给吓醒。神啊!祈求您,再赐给我一个力量,让我不再被鸡鸣声给吓醒吧!"

天神笑道:"你去找大象吧,它会给你一个满意的答复的。"

狮子急匆匆地跑到湖边找大象,还没见到大象,就听到大象踩脚所发出的"砰砰"响声。

狮子加速地跑向大象,却看到大象正气呼呼地直踩脚。

狮子问大象:"你干吗发这么大的脾气?"

大象拼命摇晃着大耳朵,吼着:"有只讨厌的小蚊子,总想钻进我的耳朵里,害我都快痒死了。"

198 狮子离开了大象,心里暗自想着:"原来体型这么巨大的大象,还会怕那么瘦小的蚊子,那我还有什么好抱怨呢?毕竟鸡鸣也不过一天一次，而蚊子却是无时无刻地骚扰着大象。这样想来，我可比他幸运多了。"

狮子一边走，一边回头看着仍在跺脚的大象，心想："天神要我来看看大象的情况，应该就是想告诉我，谁都会遇上麻烦事，而它并无法帮助所有人。既然如此，那我只好靠自己了！反正以后只要鸡鸣时，我就当是在提醒我该起床了，如此一想，鸡鸣声对我还算是有益处呢？"

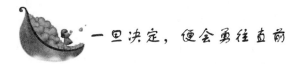

一旦决定，便会勇往直前

当别人知道我要环美国行走的时候，他们中的很多人说："嘴巴说说是很容易的。"还有一些人说："你做不到的。"但体重180公斤的我背着笨重的背包，已经走了489公里。

我已经是两个孩子的父亲了，但肥胖困扰着我。为了减肥，我决定从圣地亚哥出发徒步穿越整个美国，目的地是纽约。其实，减肥并不是唯一的目的，我隐约感到这次旅程注定会改变我的生活。

我以前并不胖，年轻时我在海军舰队服役，曾经也是一个俊朗的男子，有很多朋友，在加州，每天快乐地生活着。

但在25岁那年，一场车祸改变了一切。两名乘客从十字路口下了巴士，我没有看到……因交通肇事罪我在监狱里待了10天。从那以后我陷入了深深的自责中，无法面对死者的家属。时光流逝，我的内疚却与日俱增，长期的抑郁使我的体重无法抑制地不断上升。

我的妻子凯特是我好朋友的妹妹，车祸后她给予了我极大的关怀，我们结婚了。但可怕的自责感仍然和我形影相随，这让我忽略了现实的幸福，而总是对过去耿耿于怀。我曾经拥有一家公司，但那次事故后，我再也无心经营。一年前，我们卖掉了房子，搬到艾蓓莉的母亲那里住。

本来我以为当凯特知道我的行走计划时，会说我疯了，但事实上，她鼓励我："好吧，你去吧。"没做太多的计划，我查了地图，

第八章　自律——成功者都是严谨自律的人

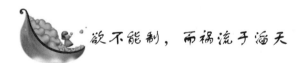

找了一条避开高速公路的线路。在 4 月 10 日我上路了，并计划 10 月到达纽约。背包里已经装满了食物、水和一个帐篷，不过我还是塞进去了两本书。

我每天大约走 15 英里，在体重下降后可能还会走得快一点。在亚利桑那州的布尔黑德市我称了一下体重，每周约减重 4 英镑。保持这样的步速，7 月中旬我就可以到达亚利桑那州温斯洛市，像老鹰乐队的歌里面唱的"站在温斯洛的一角，看亚利桑纳州的美景"。

在 66 号公路（贯穿美国的一条公路）的旅程格外艰苦，我几乎断水，长路漫漫，寂寞煎熬着我，那次事故如梦魇般在我的脑海中反复浮现。我知道这是不理智的：有的时候我想象自己得到了报应，被一辆车撞死。虽然明白这样的事情不会发生，但每当汽车擦身而过时，我的脑海中就会迅速闪过一个念头：报应来了。

那次事故令我厌恶自己，失掉自信。但现在我要试着让自己解脱并且生存下来。如果不这样做的话，会有更多的不幸发生——家人会因我而受到伤害，也许在 50 岁的时候，我就会因肥胖死掉，那个时候我的孩子只有 18 岁和 13 岁，他们年轻的心灵将承受巨大的痛苦。我不能让他们失去父亲，我要健康地活下去，做一个好爸爸。当到达纽约的时候，我要从过去 15 年失败的阴影中走出来，我是一个坚决的人，一旦决定，便会勇往直前。

欲不能制，而祸流于滔天

有一笑话，说某人到一家金铺里当着众人的面拿起金条往自己袋里装，众人将他扭送到官府，县官问他何以敢当众偷盗东西，那人回答说："当时只看见金条，没看见人。"这在现今社会中恐怕已不再是笑话了。从理性的角度看，得不喜、失不忧、宠不惊、辱不惧，才是我们追求的最高境界。

心灵困惑的魔圈的本质源于欲，欲望并非是万恶之源，它既是使人堕落的陷阱，又是人类进步的阶梯。假如人们都进入无知无欲的状态，那么人也就不再是人了，这时所换取的不是人类的进步，而是人类的倒退，即退回到原始自然人的所谓小国寡民的社会之中去。相反，人类只有具备永不满足的欲望，才能推动人们由个人的自我实现，到社会的自我实现，以实现人类社会的进步。所以，我们必须在理论上明确有两种欲望，或欲望的两个方面。孟子主张寡欲，但寡欲并非是无欲，说"可欲之为善"，这就是说只要欲而适当，就不会造成危害，而是一种善行。荀子主张节欲，但又区分了私欲和公道，认为"并己之私欲，必以道夫公道通义之可以相兼容者"。其意为，必须摒除一己之私欲，而遵循公道通义，如此方可相兼容而不至相互冲突。但是在叔本华看来，意志创造了世界却对人的自身无补，人们永远不能满足自己的欲望，永远受这种欲望的煎熬，而这则是人生悲剧的根源。

人不能没有欲望，也不可能一点欲望都没有，但人却不能只有欲望，关键的是要做到欲望的平衡与理智的选择。所谓"无欲则刚"中的"无欲"只是指人要有适度的、可以满足自身基本利益的欲望，切不可无节制，而并不是指真正意义上的无欲。荀子就说过："人生而有欲。"然而，我们承认人生而有欲望并不等于欲望可以无度。如果过分纵欲而毫无节制，那必将是作茧自缚。

正如宋学大家程颐所讲："一念之欲不能制，而祸流于滔天。"古往今来，贪婪成性的大有人在，因贪婪而身败名裂、甚至招致杀身之祸的人就更是不胜枚举了。而驱使他们做出种种抉择的唯一动力便是贪婪的心态。恩格斯曾鲜明地指出：卑劣的贪欲是文明时代从它存在的第一日起直至今日的动力；财富，财富，第三还是财富，——不是社会的财富，而是这个微不足道的单个的个人的财富。这就是文明时代唯一的、具有决定意义的目的。

自知满足，人心不足蛇吞象

一个贪得无厌的人，给他金银还怨恨没有得到珠宝，封他公爵还怨恨没封侯，这种人虽然身居豪富权贵之位却等于自愿沦为乞丐；一个自知满足的人，即使吃粗食野菜也比吃山珍海味还要香甜，穿粗布棉袍也比穿狐袄貂裘还要温暖，这种人虽然身为平民，但实际上比王公更快乐。

古代有个隐士叫荣启期，穷得九十岁还没有一条腰带，用野麻搓一条绳子系腰，但他从容潇洒地弹琴。孔子的学生原宪的衣服补丁摞补丁，脚上的鞋也是前后都是窟窿，可他仍然悠闲地唱歌。古希腊哲学家拉尔修，笑容一直挂在脸上，他完全没有什么享受的欲望，当他看见一个小孩在河边用双手捧水喝，喝得甜滋滋的样子，他干脆把自己仅有的一个饭碗也扔掉了。

不去掉欲望就不会知足，一个过于贪婪的人永不会满足。时时处在渴求和痛苦之中，腰缠万贯的富翁可能还是若有所失；仅能免于饥寒的人也可能觉得样样不缺。从心理感觉来说，真富不一定要钱多，只要知足就绰然富裕了。

俗话说："人心不足蛇吞象"。下面是眼前国际政治中最典型的贪得无厌而招祸的例子。

韩国前总统卢泰愚从 1988 年至 1993 年执政 5 年期间，充分利用职权蓄积、贪污政治资金多达 5000 余亿韩元（约 800 韩元合 1 美元），下野前夕，将剩余的政治资金用化名分别存入 20 多家银行，据为己有。1995 年 8 月初，韩国前内阁成员总务处长官徐锡宰与一些新闻界的朋友在汉城市一家餐馆饮酒，酒后吐真言，将这秘密泄露。在野的民主党穷追不舍，私下进行调查、掌握了大量证据，卢泰愚被打入监狱，等待法律的最终判决。

韩国经济是从上世纪 60 年代开始发展起来的，到 80 年代末，韩国一直推行"政府主导下的官民结合"的经营体制。政府有权对特定领域和企业提供特惠，政府控制着国营企业和金融机构。在这一原则的支配下，各大财团纷纷想方设法靠近政府、寻找保护伞，总统或执政党负责人只要一开口，有关企业主马上就会把钱送到手里。作为回报，政府将某项建设项目指定给那个财团或企业，这个财团或企业就会赚一笔大钱。卢泰愚正是利用手中的大权先后向现代、大宇、三星、鲜京、起亚等韩国 30 家大财团秘密索取政治资金达 5000 余亿元。

在证人、证据面前，卢泰愚不得不承认他的犯罪事实，并在记者招待会上流下了眼泪。接受传讯后回到住宅，他问他的医生："有没有一种药服后可以一睡不醒，我真不想活了！"但是正如韩国报纸所强调的那样"眼泪不会获得国民的同情。"

这件事在韩国影响是极其恶劣的。就在卢泰愚认罪的当天晚上，汉城市民在愤怒之余，借酒消愁，从 1995 年 10 月 27 日下午 7 时到 28 日凌晨两点的 7 个小时里，政府机关及企业的职员们下班后都不回家，涌进汉城酒馆饮酒，以解除心中的苦恼，因酒后驾车被拘留者多达 160 余人，相当于 6、7 两个月全国酒后驾车被拘留的总和，当问及他们为什么酒后驾车时，回答说："对国家的前途失去信心。"

卢泰愚说他领到的薪金不够开销，那么韩国总统的月薪到底是多少呢？韩国法律规定，退职总统的月薪标准是现职总统的 95%。发放项目包括：基本工资加职务津贴再加辛劳津贴 350 万韩元；另外还有车辆费、社会活动费、办公费等约 400 万韩元，每月共计可领取 750 至 800 万韩元（约合 1 万美元）。而 1995 年韩国规定城市居民月平均生活费为 160 万韩元，比较之下，下野总统的薪金是相当高的了。

有这么高的工资收入还不知足，沦为阶下囚也就怪不得别人了。真可谓"一念贪私，万劫不复"。

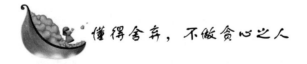

懂得舍弃，不做贪心之人

人的私心、贪婪、嫉妒，常使人跌倒，重重地跌在自己"恶念"的祸害里。

事实上，我们所拥有的，并不是太少，而是欲望太多；欲望太多的结果，就使自己不满足、不知足，甚至憎恨别人所拥有的、或嫉妒别人比我们更多，以致心里产生忧愁、愤怒和不平衡；欲望太多，就会导致心理贫穷！

要减轻欲望，就要懂得舍弃。而外在的放弃让你接受教训，心里的放弃让你得到解脱，从而心里变得安宁。

古人云："人心难满，欲壑难填。"贪婪是每人或多或少都有的弱点。贪婪使我们为获取一点蝇头小利而斤斤计较，甚至沾沾自喜；但更多的时候却使我们被内心的贪欲所蒙蔽、所困扰，使我们遭到更大的损失和承受更大的心理压力。人类获得的任何地位、权力、金钱、声望，不论是物质方面的利益还是精神方面的利益，都会有失去之时。但是在何时，尚不为人们所知呢？老子说过：知足常乐。如果你有对自己的境况感到满足的时候，那么就不会为患得患失而承受巨大的心理压力了。

有人说，世间最苦是情种。这种说法，不必是情种，只要是曾经为情所苦的人都会赞成。那么世间最累是什么人？我以为是贪官——我想不出还有什么人比贪官活得更累。

贪官，首先要做的就是绞尽脑汁算计着如何贪了。有人求办事，要说事情如何不好办，暗示人送礼，要考虑如何让人送得主动，要考虑如何神不知鬼不觉地把礼收下，时间、地点、氛围、表情、说话的分寸等等都要恰到"好"处。这些不知要在脑子里转多少遍。

吃人家的嘴软，拿人家的手短。贪了人家的东西就得给人家办事，而事情又不是那么好办的——不然人家就不送礼求人了。不好办也得办，就得动手脚，或偷梁换柱，或瞒上欺下。总之，通过正当渠道办不成，只能走歪门邪道，而光是清除"路障"就够累的。

更让贪官惶惶不可终日的是怕出事。一有什么风声就草木皆兵，寝食不安，走在街上老觉得有人戳脊梁骨，仿佛全世界的人知道了自己是贪官。假如同党出了事，就更惶恐不安，怕被供出来。一屋子的高档工艺品、满箱子的黄金饰品，还有衣橱里的高档皮衣，全是别人送的，一张发票都没有，要是出了事就说"来路不明"了。多年"苦心经营"的安乐窝，平时最怕小偷，这时却希望那些高明的小偷来"帮忙"，让他们偷了去倒好，反正自己是不去报案的。没办法，这个亲戚家藏一些，那个亲戚家藏一些，半夜三更起来折腾。风声越来越紧，心理上承受压力也就越来越大，直到有一天就走向了极端：或者自杀，或者携巨款外逃，或者进入精神病院……

写到这里，我更加相信世上活得最累的是贪官。当然，也有些贪官是胆大妄为、天不怕地不怕的"二百五"，他们可能活得轻松些，但这样的贪官只是少数，而且说栽就栽。也有些手段相当高明的，隐藏得很深，能侥幸躲过一个又一个风头。但他们肯定也一直在心里紧张地敲小鼓，活得也不轻松。

贪官活得如此之累，完全是自作自受。他们在贪欲的罗网里苦苦挣扎，最终沦为贪欲的奴隶。从大的人生意义上说，他们并不比普通老百姓——那些鲜活的个体生命活得更有价值、更有趣味。他们或许的确趾高气扬、不可一世，但又的的确确是十足的可怜虫。

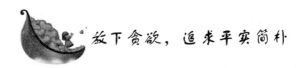

放下贪欲，追求平实简朴

汤玛斯·富勒说："满足不在多加燃料，而在于减少火苗；不在于累积财富，而在于减少欲念。"

下面是一则寓言故事，它可以明确地告诉我们：当欲望产生时，再大的胃口都无法填满，贪多的结果只会增加无穷尽的烦恼和麻烦。学会接纳自己、欣赏自己、使我们从欲念的无底深渊中得到释放与自由，是快乐的始发站。

据说上帝在创造蜈蚣时，并没有为它造脚，但是它仍可以爬得和蛇一样快速。有一天，它看到羚羊、梅花鹿和其他有脚的动物都跑得比它还快，心里很不高兴，便嫉妒地说："哼！脚愈多，当然跑得愈快。"

于是，它向上帝祷告说："上帝啊！我希望拥有比其他动物更多的脚。"

上帝答应了蜈蚣的请求。他把好多好多的脚放在它面前，任凭它自由取用。

蜈蚣迫不及待地拿起这些脚，一只一只地往身体贴上去，从头一直贴到尾，直到再也没有地方可贴了，它才依依不舍地停止。

它心满意足地看着满身是脚的自己，心中暗暗窃喜："现在我可

第八章 自律——成功者都是严谨自律的人

以像箭一样地飞出去了!"

但是,等它一开始要跑步时,才发觉自己完全无法控制这些脚。这些脚噼里啪啦地各走各的,它非得全神贯注,才能使一大堆脚不致互相绊跌而顺利地往前走。

这样一来,它走得比以前更慢了。

人是一种欲望动物。而且不同的人,其所拥有的欲望也不尽相同。有人贪图名利、有人留恋肉欲;还有人则希望得到丰富的物质世界……在这些种欲望中,最危险的要数物欲,即对金钱和物质的贪恋。

有一个财主拥有很多金钱、土地、妻子、儿子,他在世上享尽了各种荣华富贵。

当他七十岁时患了重病,大夫对其子女说:"替他预备后事吧!因为他已无药可救了。"

于是他的家人就替他准备寿衣、棺材……。

奄奄一息的财主叫仆人把他的寿衣拿来看看。当他看见寿衣竟然没有口袋时,就上气不接下气地说:"你们做错了,为什么寿衣没有口袋?"

仆人纳闷地说:"寿衣本来就没有口袋的。"

财主生气地说:"不行,帮我重做;我一定要有口袋的寿衣,否则我的财宝怎么带走……"

由于他过度激动,一口气换不过来,停止呼吸死了。

我们怎样来到这个世界,也就怎样离开。我们的目光不需要一直关注在不能带走的金钱、名利、地位上,而是应常常关注在更宝贵的品格和亲情上。

这里还有一个故事:

从前,有个家庭很富有的人,骑着一头大牛,匆匆赶路。途中遇见一位道行很深的禅师,禅师问他去哪里,那人着急地回答:"我要找我的牛。"说罢连头也不回就继续前行。禅师望着他的背影,口中吟道:"茫茫拔草去追寻,水阔山遥路更深。力尽神疲无处觅,但闻枫树晚蝉吟。"

表面来看,此人的行为十分荒诞,骑牛找牛,懵然不觉。然而,

『钻石』就在自身上

环视当今社会，骑牛找牛者比比皆是。许多人身藏几万几十万张"大牛"、"金牛"，仍然孜孜不倦地往楼市、股市钻营，目的就是要觅取更多更大的"大牛"、"金牛"。

因此，许许多多的富翁虽然腰缠万贯，但是他们的精神生活并不快乐，精神世界格外空虚。为了钱，他们能够六亲不认；以物役己，魔障常在。

贪欲人人有，但程度略有不同，贪欲又是人人憎恨的性格。没有人愿意与一个贪婪成性的人成为朋友。

有一个人很喜欢飞鸟，他每天一大早就到树林中陪它们玩。飞鸟也很喜欢他，一看见他来了，都会群集到他身边来嬉戏。

当他的朋友知道这件事后，就狡猾地对他说："明天你抓几只鸟回来，也让我玩一玩。"

第二天，他又到林子去，可是鸟儿只在空中飞行，却不肯像以前一样飞到他身边来嬉戏。

他百思不得其解，后来才明白原来是自己心中已有了贪念。

贪欲会使人的精力和体力双重透支。放下贪欲，追求平实简朴的生活，是获得快乐的最简单的方法。

第八章 自律——成功者都是严谨自律的人

第九章 自制——欲治人者，必先自制

　　自制能力是决定成败的基础。没有自制力，你就无法做到专心致志，目标始终如一；没有自制力，你就会沉湎玩乐，把该干的事搁置一边；没有自制力，你让人难以信任，让人对你的人格倍感怀疑。

 ## 自制能力是决定成败的基础

自制能力是决定成败的基础。没有自制力，你就无法做到专心致志，目标始终如一；没有自制力，你就会沉湎玩乐，把该干的事搁置一边；没有自制力，你让人难以信任，让人对你的人格倍感怀疑，那么，你就会失去很多机会。

老话讲：心似平原走马，易放难收。放纵非常容易，自制的闸门稍稍一松。即会"鸟离樊笼翩翩舞"，无拘无束。而要想收回这只逃离的鸟儿，并不是件容易事。

或许，下面这件看似很平常的小事情，即会让你领略到自制是多么地难得。

有一张独特的广告："招聘一个能自我克制的小伙子。每星期8美元，表现优异者可以拿10美元。"这个奇特的招聘广告引起了议论，这有点不平常，自然引来了众多求职者。每个求职者都要经过一个特别的考试。

"能阅读吗？孩子。"

"能。先生。"

"你能读一读这一段吗？"商人把一张报纸放在小伙子的面前。

"可以，先生。"

"你能一刻不停顿地朗读吗？"

"可以，先生。"

"很好，跟我来。"商人把他带到他的办公室，然后把门关上。他把这张报纸送到小伙子手上，上面印着他答应不停顿地读完的那一段文字。阅读刚一开始，商人就放出六只可爱的小狗，小狗跑到小伙子的脚边。这太过分了，小伙子经受不住诱惑要看看美丽的小狗。由于视线离开了阅读材料，小伙子忘记了自己的角色，当然他失去了这次机会。

就这样，商人打发了70个小伙子，终于，有个小伙子不受诱惑

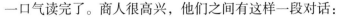

一口气读完了。商人很高兴，他们之间有这样一段对话：

商人问："你在读书的时候没有注意到你脚边的很多小狗吗？"

小伙子回答道："对，先生。"

"我想你应该知道它们的存在，对吗？"

"对，先生。"

"那么，为什么你不看一看它们？"

"因为你告诉过我要不停顿地读完这一段，所以我不会轻易放弃阅读。"

"你总是遵守诺言吗？

"的确，我总是努力地去做，先生。"

商人高兴地说道："你就是我要的人。明早？点钟来，你每周的工资是 10 美元。我相信你大有发展前途。"

自制，是一件看似挺简单，但做起来却很不容易的事。任何一种良好的习惯，都是从小事开始，渐渐养成的，坏习惯也是这样养成的。不要忽视生活中每一个微小的细节，苛求自己才会出类拔萃。有时候，自制就是对自己的苛求：别人做不到的，你要做到；别人都在那么做的，你绝对不可以效仿。

在生活中，如果你不愿接受某些制约，而是一味盲目地追求绝对的自由，并放弃所有的约束，这样的结果是：人们不是把你当成白痴，就是把你当成疯子。所谓自由是相对的，人不可能完全不受约束。在学校里，你得遵守校规，才算是一个好学生；在公司里，你必须积极主动地去完成工作，才算得上一个优秀的员工；在社会上，你只有完全遵守各种法律法规，才能算是一个合格的公民。其实，接受某些束缚，你可能会更完美。

一个人如果只是自由做傻事，使自己蒙羞被难，那配得上说是自由么？脱离了理性的指导，而且不受观察和判断的限制，使自己

第九章　自制——欲治人者，必先自制

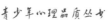
不能免于选择最坏的或实行最坏的，那并不是自由。

如果那是自由，是真正的自由，则疯子和愚人可以说是世界上唯一的自由人。一个人如果有一种能力，可能按照自己内心的选择和指导，来思考或不思考，来运动或不运动，则他可以说是自由的。如果一种动作的施展和停顿不是相应地跟着人心的选择和指导，则那种动作纵然是自愿的，也不是自由的。因此，所谓自由观念就是，一个主因有一种能力来按照自己心理决定或思想，实现或停顿一种特殊行为的能力观念。离了思想，离了意志，就无所谓自由。

从前，有一个年轻人，他追求一种不切实际的，完全自由自在的生活，他讨厌而且痛恨生活对他的任何束缚。

他讨厌理发师对他的摆弄，因而他拒绝理发。一任头发胡须自由地疯长。

他讨厌洗澡时受水的冲刷和毛巾的搓擦，因而他拒绝洗澡，一任污垢满身，虱子乱爬。

他讨厌鞋子、袜子对他的约束，因而他拒绝穿袜，把鞋子也脱掉扔了。

他讨厌身上衣服对他的束缚，因而他把上衣脱下扔了，打着赤膊。

现在，他只剩下腰中皮带和下身裤子的束缚了。

一天，他对皮带说：

"你给我滚开吧！你为什么总是这么紧紧地约束着我？我讨厌你！"

"可是，假如你失去我这唯一的约束，你就可能完全失去了你的人格！"皮带警告道。

"胡说！你给我滚得远远的！"年轻人找来一把剪刀，毫不迟疑地剪断了皮带。可想而知，皮带断了，裤子当然滑落了。年轻人喜不自胜——为解脱了全身的任何约束而高兴异常。

然而，没有多久，人们就把他当做一个精神病人关进了病房。所有的约束，他都无法抗拒了——他被彻底地约束了。

先做最重要的事情

如果你把最重要的任务安排在一天里你干事最有效率的时间去做，你就能花较少的力气，做完较多的工作。何时做事最有效率？各人不同，需要自己摸索。

当你面前摆着一堆问题时，应问问自己，哪一些真正重要，把它们作为最优先处理的问题。如果你听任自己让紧急的事情左右，你的生活中就会充满危机。

根据你的人生目标，你就可以把所要做的事情制订一个顺序，有助你实现目标的，你就把它放在前面，依次为之，把所有的事情都排一个顺序，并把它记在一张纸上，就成了事情表，养成这样一个良好习惯，会使你每做一件事，就向你的目标靠近一步。

众所周知，人的时间和精力是有限的，不制订一个顺序表，你会对突然涌来的大量事务手足无措。

美国的卡耐基在教授别人期间，有一位公司的经理去拜访他，看到卡耐基干净整洁的办公桌感到很惊讶。他问卡耐基说："卡耐基先生，你没处理的信件放在哪儿呢？"

卡耐基说："我所有的信件都处理完了。"

"那你今天没干的事情又推给谁了呢？"老板紧追着问。

"我所有的事情都处理完了。"卡耐基微笑着回答。看到这位公司老板困惑的神态，卡耐基解释说："原因很简单，我知道我所需要处理的事情很多，但我的精力有限，一次只能处理一件事情，于是我就按照所要处理的事情的重要性，列一个顺序表，然后就一件一件地处理。结果，完了。"说到这儿，卡耐基双手一摊，耸了耸肩膀。

"噢，我明白了，谢谢你，卡耐基先生。"几周以后，这位公司的老板请卡耐基参观其宽敞的办公室，对卡耐基说："卡耐基先生，感谢你教给了我处理事务的方法。过去，在我这宽大的办公室里，我要处理的文件、信件等等，都是堆得和小山一样，一张桌子不够，就用三张桌子。自从用了你说的法子以后，情况好多了，瞧，再也没有没处理完的事情了。"

这位公司的老板，就这样找到了处事的办法，几年以后，成为美国社会成功人士中的佼佼者。我们为了个人事业的发展，也一定要根据事情的轻重缓急，制出一个事情表来。我们可以每天早上制订一个先后表，然后再加上一个进度表，就会更有利于我们向自己的目标前进了。

柯维指出：有效的管理是要先后有序。在领导决定哪些是"首要之事"以后，天天和时刻地把它们放在首位的就是管理了。管理是纪律，是贯彻。

做事要分清轻重缓急

有一位教授在桌子上放了一个装水的罐子。然后又从桌子下面拿出一些正好可以从罐口放进罐子里的"鹅卵石"。当教授把石块放完后问他的学生道："你们说这罐子是不是满的？"

"是！"所有的学生异口同声地回答说。

"真的吗？"教授笑着问。然后再从桌底下拿出一袋碎石子，把碎石子从罐口倒下去，摇一摇，再加一些，再问学生："你们说，这罐子现在是不是满的？"这回他的学生不敢回答得太快。

最后班上有位学生怯生生地细声回答道："也许没满。"

"很好！"教授说完后，又从桌下拿出一袋沙子，慢慢地倒进罐子里。倒完后，于是再问班上的学生，"现在你们再告诉我，这个罐子是满的呢？还是没满？"

"没有满。"全班同学这下学乖了，大家很有信心地回答说。

"好极了！"教授再一次称赞这些"孺子可教也"的学生们。

称赞完后，教授从桌底下拿出一大瓶水，把水倒在看起来已经被鹅卵石、小碎石、沙子填满了的罐子。

当这些事都做完之后，教授问他班上的同学："我们从上面这些事情学到什么重要的功课？"

班上一阵沉默，然后一位自以为聪明的学生回答说："无论我们的工作多忙，行程排得多满，如果要逼一下的话，还是可以多做些事的。"这位学生回答完后心中很得意地想："这门课到底讲的是时间管理啊！"

教授听到这样的回答后，点了点头，微笑道："答案不错，但并不是我要告诉你们的重要信息。"说到这里，这位教授故意停顿，用眼睛向全班同学扫了一遍说："我想告诉各位最重要的信息是，如果你不先将大的鹅卵石放进罐子里去，你也许以后永远没机会把它们再放进去了。"

每一天我们都在忙，每一天我们所做的事情好像都很重要，每一天我们都不断地往罐子里罐进小碎石或沙子，各位有没有想过，什么是你生命中的"鹅卵石"？

我们都很会用小碎石加沙和水去填满罐子，但是很少人懂得应该先把"鹅卵石"放进罐子里的重要性。"分清轻重缓急，重要的事情先做"是同样的道理。

做事情的先后次序

使我们晕头转向的并不是工作的繁重，而是我们没有搞清楚自己有多少工作，该先做什么。

第一种良好的工作习惯：清除你桌上所有的纸张，只留下和你正要处理的问题有关的东西。

名诗人波浦曾写过这样一句："秩序，是天国的第一条法则。"

秩序也应该是生意的第一条法则。但是否如此呢？一般生意人的桌上，都堆满了可能一个礼拜都不会看一眼的文件。纽奥良一家报纸的发行人有一次告诉我，他的秘书帮他清理了一张桌子，结果发现了一部两年来一直找不着的打字机。

光是看见桌上堆满了还没有回的信、报告和备忘录等等，就足以让人产生混乱、紧张和忧虑的情绪。更坏的事情是，经常让你想到"有一百万件事情待做，可是没有时间去做它们"，不但会使你忧虑得紧张疲倦，也会使你忧虑得患高血压、心脏病和胃溃疡。

第二种良好的工作习惯：按事情的重要程度来做事。

创设遍及全美的事务公司的亨瑞·杜哈提说，不论他出多少钱的薪水，都不可能找到一个具有两种能力的人。

这两种能力是：第一，能思想；第二，能按事情的重要程度来做事。

我由长久以来的经验知道：一个人不可能总按事情的重要程度，来决定做事的先后次序。可是我也知道，按计划做事，该做的就得去做，不要迟疑不决。

第三种良好的工作习惯：当你碰到问题时，如果必须做决定，就当场决定，不要迟疑不决。

第四种良好的工作习惯：学会如何组织、分层管理和监督。

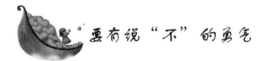

要有说"不"的勇气

若要集中精力于当急的要务，就得排除次要事务的牵绊，此时需要有说"不"的勇气。

我的妻子曾被选为社区计划委员会的主席，可是既放不下许多更重要的事，又不好意思拒绝，只好勉为其难地接受。后来她打电话给一位好友，问她是否愿意在委员会工作，对方却婉拒了，我的妻子大失所望地说："我那时也能拒绝就好了。"

这不是说社区活动或社会服务不重要，而是人各有志，各有优先要务。必要时，应该不卑不亢地拒绝别人，在急迫与重要之间，知道取舍。

我在一所规模很大的大学任师生关系部主任时，曾聘用一位极有才华又独立自主的撰稿员。有一天，有件急事想拜托他。

他说："你要我做什么都可以，不过请先了解目前的状况。"

他指着墙壁上的工作计划表，显示超过 20 个计划正在进行，这都是我俩早已谈妥的。

然后他说："这件事急事至少占去几天时间，你希望我放下或取消哪个计划来空出时间？"

他的工作效率一流，这也是为什么一有急事我会找上他。但我无法要求他放下手边的工作，因为比较起来，正在进行的计划更为重要，我只有另请高明了。

我的训练课程十分强调分辨轻重缓急以及按部就班行事。

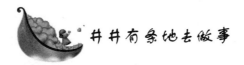

井井有条地去做事

许多人在处理我们日常生活的方方面面时，的确分不清哪个更重要，哪个更紧急。这些人以为每个任务都是一样的，只要时间被忙忙碌碌地打发掉，他们就从心眼里高兴。

大部分人是根据事情的紧迫感，而不是事情的优先程度来安排先后顺序的。

把一天的时间安排好，这对于你成就大事是很关键的。

行动是要有章法的，不能眉毛胡子一把抓，要能轻重缓急！这样才能一步一步地把事情做得有节奏、有条理，达到良好结果。

在紧急但不重要的事情和重要但不紧急的事情之间，你首先去办哪一个？面对这个问题你或许很为难。

在现实生活中，许多人都是这样，这正如法国哲学家布莱斯·巴斯卡所说："把什么放在第一位，是人们最难懂得的。"对许多人来说，这句话不幸而言中，他们完全不知道怎样把人生的任务和责任按重要性排列。他们以为工作本身就是成绩，但这其实是大谬不然。

不妨举一个例子，我们在学校学习的过程中，最缺的是什么？可能有许多人都有同感，我们最缺的就是钱。在这个时期，我们可以认为，对于我们的一生而言，学习对我们是重要的，但却不是最紧急的，而钱对我们是紧急的（我们会举出许多理由，如我们已经长大了，不想要父母的钱等等），但却不是最重要的。在这个十字路口，我们选择什么？

对这个问题，不同的人有不同的选择。有的早早就选择弃学从商，有的依然选择在校学习，而更可悲的人还有，无论他是弃学经商还是在校学习，他都不知道他在做什么？

这个例子看来真是再明显不过了，许多人在处理我们日常生活的方方面面时，的确分不清哪个更重要，哪个更紧急。这些人以为每个任务都是一样的，只要时间被忙忙碌碌地打发掉，他们就从心眼里高兴。他们只愿意去做能使他们高兴的事情，而不管这个事情有多么不重要或多么不紧急。

实际上，懂得美丽生活的人都是明白轻重缓急的道理的，他们在处理一年或一个月、一天的事情之前，总是按分清主次的办法来安排自己的时间，

商业及电脑巨子罗斯·佩罗说："凡是优秀的、值得称道的东西，每时每刻都处在刀刃上，要不断努力才能保持刀刃的锋利。"罗斯认识到，人们确定了事情的重要性之后，不等于事情会自动办得好。你或许要花大力气才能把这些重要的事情做好，而始终要把它们摆在第一位，你肯定要费很大的劲。下面是有助于你做到这一点的三步计划：

估价。首先，你要用上面所提到的目标、需要、回报和满足感四原则对将要做的事情作一个估价。

去除。第二步是去除你不必要做的事，把要做但不一定要你做的事委托别人去做。

估计。记下你为达到目标必须做的事，包括完成任务需要多长时间，谁可以帮助你完成任务等资料。

在确定每一年或每一天该做什么之前，你必须对自己应该如何利用时间有更全面的看法。要做到这一点，你要问自己四个问题：

我从哪里来，要到哪里去？我们每一个人来到这个世界上，都是上帝的安排。我们每个人都肩负着一个沉重的责任，按上帝指定

的目标前进。可能再过 20 年，我们每个人都有可能成为公司的领导、大企业家、大科学家。所以，我们要解决的第一个问题就是，我们要明白自己将来要干什么？只有这样，我们才能持之以恒地朝这个目标不断努力，把一切和自己无关的事情统统抛弃。

我需要做什么？要分清缓急，还应弄清自己需要做什么。总会有些任务是你非做不可的。重要的是你必须分清某个任务是否一定要做，或是否一定要由你去做。这两种情况是不同的。非做不可，但并非一定要你亲自做的事情，你可以委派别人去做，自己只负责监督其完成。

什么能给我最高回报？人们应该把时间和精力集中在能给自己最高回报的事情上，即他们会比别人干得出色的事情上。在这方面，让我们用巴莱托（80/20）定律来引导自己：人们应该用 80% 的时间做能带来最高回报的事情，而用 20% 的时间做其他事情，这样使用时间是最具有战略眼光的。

什么能给我最大的满足感？有些人认为能带来最高回报的事情就一定能给自己最大的满足感。但并非任何一种情况都是这样。无论你地位如何，你总需要把部分时间用于做能带给你满足感和快乐的事情上。这样你会始终保持生活热情，因为你的生活是有趣的。

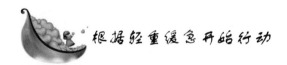

根据轻重缓急开始行动

在确定了应该做哪几件事之后，你必须按它们的轻重缓急开始行动。大部分人是根据事情的紧迫感，而不是事情的优先程度来安排先后顺序的。这些人的做法是被动的而不是主动的。懂得生活的人不能这样，而是按优先程度开展工作。以下是两个建议：

每天开始都有一张优先表。伯利恒钢铁公司总裁查理斯·舒瓦普曾会见效率专家艾维·利。会见时，艾维·利说自己的公司能帮助舒瓦普把他的钢铁公司管理得更好。舒瓦普承认他自己懂得如何管理，但事实上公司不尽如人意。可是他说自己需要的不是更多知识；而是更多行动。他说："应该做什么，我们自己是清楚的。如果你能告诉我们如何更好地执行计划，我听你的，在合理范围之内价钱由你定。"

艾维·利说可以在10分钟内给舒瓦普一样东西，这东西能使他的公司的业绩提高至少50%。然后他递给舒瓦普一张空白纸，说："在这张纸上写下你明天要做的6件最重要的事。"过了一会儿又说："现在用数字标明每件事情对于你和你的公司的重要性次序。"这花了大约5分钟。艾维·利接着说："现在把这张纸放进口袋：明天早上第一件事是把纸条拿出来，做第一项。不要看其他的，只看第一项。着手办第一件事，直至完成为止。然后用同样方法对待第二项、第三项……直到你下班为止。如果你只做完第一件事，那不要紧。你总是做着最重要的事情。"

艾维·利又说："每一天都要这样做。你对这种方法的价值深信不疑之后，叫你公司的人也这样干。这个试验你爱做多久就做多久，然后给我寄支票来，你认为值多少就给我多少。"

整个会见历时不到半个钟头。几个星期之后，舒瓦普给艾维·利寄去一张2.5万元的支票，还有一封信。信上说从钱的观点看，那是他一生中最有价值的一课。后来有人说，5年之后，这个当年不为人知的小钢铁厂一跃而成为世界上最大的独立钢铁厂，而其中，艾维·利提出的方法功不可没。这个方法还为查理斯·舒瓦普赚得一亿美元。

把事情按先后顺序写下来，定个进度表。把一天的时间安排好，这对于你成就大事是很关键的。这样你可以每时每刻集中精力处理要做的事。但把一周、一个月、一年的时间安排好，也是同样重要的。这样做给你一个整体方向，使你看到自己的宏图，从而有助于你达到目的。

你要想拥有争抢时效的方法——绝不拖延，立即开始行动的第七条法则是：不可眉毛胡子一把抓！

『钻石』就在自身上

做事要有条理性

一位商界名家将"做事没有条理"列为许多公司失败的一大重要原因。

工作没有条理，同时又想把蛋糕做大的人，总会感到手下的人手不够。他们认为，只要人多，事情就可以办好了。其实，你所缺少的，不是更多的人，而是使工作更有条理、更有效率。由于你办事不得当、工作没有计划、缺乏条理，因而浪费了大量员工的精力，但吃力不讨好，最后还是无所成就。

没有条理、做事没有秩序的人，无论做哪一种事业都没有功效可言。而有条理、有秩序的人即使才能平庸，他的事业也往往有相当大的成就。

一位企业家曾谈起了他遇到的两种人。

有个性急的人，不管你在什么时候遇见他，他都表现得风风火火的样子。如果要同他谈话，他只能拿出数秒钟的时间，时间长一点，他会伸手把表看了再看，暗示着他的时间很紧张。他公司的业务做得虽然很大，但是开销更大。究其原因，主要是他在工作安排上七颠八倒，毫无秩序。他做起事来，也常为杂乱的东西所阻碍。结果，他的事务是一团糟，他的办公桌简直就是一个垃圾堆。他经常很忙碌，从来没有时间来整理自己的东西，即便有时间，他也不知道怎样去整理、安放。

另外有一个人，与上述那个人恰恰相反。他从来不显出忙碌的样子，做事非常镇静，总是很平静祥和。别人不论有什么难事和他商谈，他总是彬彬有礼。在他的公司里，所有员工都寂静无声地埋头苦干，各样东西安放得有条不紊，各种事务也安排得恰到好处。他每晚都要整理自己的办公桌，对于重要的信件立即就回复，并且把信件整理得井井有条。所以，尽管他经营的规模要大过前述商人，但别人从外表上总看不出他有一丝一毫慌乱。他做起事来样样办理得清清楚楚，他那富有条理、讲求秩序的作风，影响到他的全公司。于是，他的每一个员工，做起事来也都极有秩序，一派生机盎然的景象。

你工作有秩序，处理事务有条有理，在办公室里决不会浪费时间，不会扰乱自己的神志，办事效率也极高。从这个角度来看，你的时间一定很充足，你的事业也必能依照预定的计划去进行。

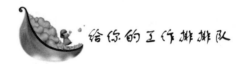 给你的工作排排队

怎么确定工作的先后顺序？了解一年后的 10 万元胜过今天的 100 元，工作的优先顺序即可自然而然地决定了。

工作时，很多人都有过这样的经验，一下要复印，一下要接电话……既无聊又浪费时间。由这个经验可知，在工作进行时必须解决的事情实在很多。在工作单位中，地位高的人，琐碎的事可以交代属下去做，而中级干部可支配的部下就比较少，而一些完全没有属下的新到工作人员，或是自己开店的人，复印等难事就必须要自己做。

可是，忙于难事往往会影响重要工作的进展。经常有些人会觉得工作愈忙愈好，但是忙着琐碎的事和忙着正事，这中间有很大的差别。即使是同样花时间工作，其一分一秒的价值却完全不同。

难事，很多人都觉得可以自己处理。事实上，很多难事都是可做可不做的事。为了不使可有可无的事过于膨胀，最理想是将可有可无的事和重要的事清楚地区分，将工作排定优先顺序来做。若没有排定优先顺序，便会在许多地方停顿。为了买参考书而花两小时，则那一天的读书时间或是睡眠时间将会减少两小时，因而在其他方面自然也显现出影响来。

要决定作业的优先顺序，首先必须把要做的事逐条列出，然后，依重要性调换秩序，再依此顺序进行工作。这是件很简单的事，只要做到，效率就可以提高。

可是，问题是以什么标准来决定优先顺序。许多专家都建议是以工作的重要性决定，优先进行对现在的目标最重要的事。

通常事情除了重要性，还有紧急性。而我们往往都会专注于事情的紧急性，而忽略了其重要性。例如，某个正为了一年后的司法考试努力念书的人，为了赶赠品截止时限，而特地将赠品明信片拿到邮局寄。司法考试还在一年后，而明信片的截止日就在明天。在此情况之下，多数的人都会将较紧急性的明信片优先处理。

但是，以长远的眼光来看，好好地准备明年的考试应该是较重要的。假定考试失败，不仅损失一年的努力，因而损失的金钱将不知有几十万。因为通过司法考试的人，一年可以赚好几十万，这和去邮局寄明信片所得到的几百元赠品相比，不说也知道哪个重要吧！

可是，很多人还是会去寄明信片。将紧急而不重要的事列为优先，重要的事往后延。结果，到了明年还是准备不充分，无法通过考试。

当然，我们要先好好的掌握住重要性较高的事，若还有十足的自信心，再做些较不重要的事也无所谓。这就是所谓的从容不迫。

问题是，事情的重要性是以什么为衡量的标准，其实，不外乎是以自己生活的目的来衡量。若是一向都很清楚自己的最终目的为何，就可以很容易地作决定，并做出"虽然寄明信片即可得到赠品，没寄很可惜，但比起来，还是准备考试重要"的判断。

清楚地判断事情的优先顺序，是工作进行上不可欠缺的，一次就判定清楚，做起事来就会轻松愉快，不会变来变去。这就是决定优先顺序的最大价值。

决定优先顺序，明确地订出目标比什么都重要。可是若不清楚目标是什么，就没有衡量、判断重要性的基准。例如：某人以参加司法考试为当前的目标，因此他可以根据这个目标来下判断。可是，他若不明确目标到底是通过司法考试还是当个上班族，目标时时动摇，就无法决定顺序，也失去判断的标准。

为了这个目标必须这么做，为了那个目标必须那样做，不同的目标有不同的做法。目标一旦动摇了，就什么都无法决定。

因此，最重要的是清楚地知道自己现在想做什么。

第九章　自制——欲治人者，必先自制

223